N. BOURBAKI

ÉLÉMENTS DE MATHÉMATIQUE

N. BOURBAKI

ÉLÉMENTS DE MATHÉMATIQUE

INTÉGRATION

Chapitre 6

Springer

Réimpression inchangée de l'édition originale de 1959

ISBN-10 3-540-35319-4 Springer Berlin Heidelberg New York
ISBN-13 978-3-540-35319-5 Springer Berlin Heidelberg New York

Springer est membre du Springer Science+Business Media
springer.com

Maquette de couverture: WMXDesign GmbH, Heidelberg
Imprimé sur papier non acide 41/3100/YL - 5 4 3 2 1 0 -

PRÉFACE À LA SECONDE ÉDITION

Les principales modifications apportées au texte du chapitre V portent sur les points suivants.

L'intégrale supérieure essentielle possédant, à bien des égards, des propriétés plus satisfaisantes que l'intégrale supérieure ordinaire (voir surtout la prop. 11 du § 1), le paragraphe qui lui est consacré a été développé. De même, on a traité avec plus de détail la théorie des familles sommables de mesures positives (§ 2).

La notion de *diffusion* a été introduite au paragraphe 3; celle de famille μ-adéquate de mesures positives a été légèrement généralisée, de manière à permettre la composition des diffusions.

Les mesures complexes ont été traitées de manière plus systématique; cela n'a exigé la plupart du temps que des changements mineurs, sauf au paragraphe 5, où l'on a dû abandonner partiellement le point de vue des espaces de Riesz.

Enfin, diverses démonstrations ont été modifiées, pour permettre l'extension ultérieure des resultats au cas des espaces séparés non nécessairement localement compacts, qui seront traités au chapitre IX.

Nancago, automne 1965

N. Bourbaki

LIVRE VI

INTÉGRATION

CHAPITRE VI

INTÉGRATION VECTORIELLE

Dans ce chapitre, si F *désigne un espace vectoriel localement convexe séparé (sur* **R** *ou* **C**), *on note* F′ *son dual,* F″ *son bidual,* F′* *le dual algébrique de* F′ (*espace de toutes les formes linéaires sur* F′) ; F″ *est un sous-espace vectoriel de* F′*, *et* F *s'identifie* (*en tant qu'espace vectoriel sans topologie*) *à un sous-espace vectoriel de* F″. *On désigne par* F_σ *l'espace vectoriel* F *muni de la topologie affaiblie* σ(F, F′) ; *les qualificatifs « faible » et « faiblement » se rapportent à cette topologie.*

Dans ce chapitre, T *désigne un espace localement compact,* $\mathcal{K}_{\mathbf{R}}(T)$ *ou* $\mathcal{K}(T)$ (resp. $\mathcal{K}_{\mathbf{C}}(T)$) *l'espace vectoriel des fonctions réelles* (resp. *complexes*) *sur* T, *continues et à support compact ; pour toute partie* A *de* T, $\mathcal{K}(T, A)$ (resp. $\mathcal{K}_{\mathbf{C}}(T, A)$) *désigne le sous-espace de* $\mathcal{K}(T)$ (resp. $\mathcal{K}_{\mathbf{C}}(T)$) *formé des fonctions dont le support est contenu dans* A. *Sauf mention expresse du contraire, l'espace* $\mathcal{K}(T)$ (resp. $\mathcal{K}_{\mathbf{C}}(T)$) *sera muni de la topologie limite inductive des topologies de la convergence uniforme sur chacun des sous-espaces* $\mathcal{K}(T, K)$ (resp. $\mathcal{K}_{\mathbf{C}}(T, K)$), K *parcourant l'ensemble des parties compactes de* T.

Rappelons que cette topologie est plus fine que la topologie de la convergence uniforme, et par suite est séparée ; elle induit sur chacun des $\mathcal{K}(T, K)$ (resp. $\mathcal{K}_{\mathbf{C}}(T, K)$) la topologie de la convergence uniforme (*Esp. vect. top.*, chap. II, § 2, nº 4, *Remarque* 3). L'espace $\mathcal{K}_{\mathbf{C}}(T)$ s'identifie à l'espace obtenu à partir de $\mathcal{K}(T)$ par extension des scalaires de **R** à **C**. Dire qu'une forme linéaire sur $\mathcal{K}(T)$ est une *mesure* revient à dire qu'elle est *continue* (*Esp. vect. top.*, chap. II, § 2, nº 4).

§ 1. Intégration des fonctions vectorielles

Dans ce paragraphe, μ désigne une mesure positive sur T et F un espace vectoriel localement convexe séparé sur **R**. Pour toute application $\mathbf{f}$ de T dans F, et tout élément $\mathbf{z}'$ du dual F′ de F, on désignera par $\langle \mathbf{f}, \mathbf{z}' \rangle$ ou $\langle \mathbf{z}', \mathbf{f} \rangle$ la fonction numérique $\mathbf{z}' \circ \mathbf{f}$ sur T. Nous dirons que $\mathbf{f}$ possède *scalairement* une propriété ***P*** si, pour tout $\mathbf{z}' \in \mathrm{F}'$, $\langle \mathbf{z}', \mathbf{f} \rangle$ possède la propriété ***P***. Par exemple, on dira que $\mathbf{f}$ est *scalairement essentiellement* μ*-intégrable* si, pour tout $\mathbf{z}' \in \mathrm{F}'$, $\langle \mathbf{z}', \mathbf{f} \rangle$ est essentiellement μ-intégrable.

On notera que dans cette définition, la topologie de F n'intervient que par l'intermédiaire du dual F′ de F. Si une fonction $\mathbf{f}$ possède scalairement la propriété ***P***, elle possède encore scalairement la propriété ***P*** quand on remplace la topologie de F par toute topologie localement convexe séparée compatible avec la dualité entre F et F′.

1. Fonctions scalairement essentiellement intégrables.

Si $\mathbf{f}$ est une application scalairement essentiellement μ-intégrable de T dans F, l'application $\mathbf{z}' \to \int \langle \mathbf{f}(t), \mathbf{z}' \rangle \, d\mu(t)$ est une forme linéaire sur F′, c'est-à-dire un élément du dual algébrique F'^*.

Définition 1. — *On appelle* intégrale de $\mathbf{f}$ par rapport à μ *et on note* $\int \mathbf{f} d\mu$, *ou* $\int \mathbf{f}(t) d\mu(t)$, *l'élément de* F'^* *défini par*

$$\left\langle \mathbf{z}', \int \mathbf{f} d\mu \right\rangle = \int \langle \mathbf{z}', \mathbf{f} \rangle \, d\mu$$

pour tout $\mathbf{z}' \in \mathrm{F}'$.

Si $\mathbf{f}$ est continue à support compact, elle est scalairement intégrable et la déf. 1 coïncide avec la définition de l'intégrale de $\mathbf{f}$ donnée au chap. III, § 4, n° 1. D'autre part, si F est un espace de Banach et si $\mathbf{f}$ est essentiellement intégrable (chap. V, § 2, n° 2, déf. 2), alors $\mathbf{f}$ est scalairement essentiellement intégrable et la déf. 1 coïncide avec la définition de l'intégrale de $\mathbf{f}$ donnée au chap. V, § 2, n° 2 (chap. V, § 2, n° 2, prop. 6 et chap. IV, § 4, n° 2, cor. 1 du th. 1).

Exemple. — Soient X un espace localement compact, $t \to \lambda_t$ une application de T dans l'espace $\mathcal{M}(X)$ des mesures sur X. Dire que la famille $t \to \lambda_t$ est μ-adéquate (chap. V, § 3, n° 1, déf. 1) signifie qu'elle est formée de mesures positives et que l'application $t \to \lambda_t$ est scalairement essentiellement μ-intégrable et μ-mesurable pour la topologie $\sigma(\mathcal{M}(X), \mathcal{K}(X))$. Son intégrale par rapport à μ est la mesure qui a été notée $\int \lambda_t d\mu(t)$ au chap. V, § 3, n° 1.

Remarques. — 1) Si F est de dimension finie, toute application scalairement essentiellement intégrable de T dans F est essentiellement intégrable (chap. V, § 2, n° 2). Par contre, dans le cas général, une fonction scalairement négligeable sur un espace T compact peut ne pas même être μ-mesurable (exerc. 12).

2) Il est clair que l'intégrale de $\mathbf{f}$ ne dépend que de la classe de $\mathbf{f}$ modulo l'espace des applications de T dans F qui sont scalairement localement μ-négligeables. On notera qu'une fonction $\mathbf{g}$ scalairement localement négligeable n'est pas nécessairement nulle localement presque partout (exerc. 12). Toutefois, il en est bien ainsi lorsqu'il existe dans F′ une suite $(\mathbf{z}'_n)$ partout dense pour la topologie $\sigma(F', F)$: en effet, si H_n est l'ensemble localement négligeable des points $t \in T$ tels que $\langle \mathbf{g}(t), \mathbf{z}'_n \rangle \neq 0$, la réunion H des H_n est localement négligeable, et pour tout $t \notin H$, on a $\langle \mathbf{g}(t), \mathbf{z}'_n \rangle = 0$ pour tout n, d'où $\mathbf{g}(t) = 0$.

Soit u une application linéaire *continue* de F dans un espace localement convexe séparé G ; sa transposée ${}^t u$ est une application linéaire de G′ dans F′, et la transposée (algébrique) ${}^t({}^t u)$ est une application linéaire de F'^* dans G'^* qui prolonge u, et que nous noterons encore u. Avec cette convention :

PROPOSITION 1. — *Si* $\mathbf{f}$ *est une application de* T *dans* F, *scalairement essentiellement* μ*-intégrable, l'application* $u \circ \mathbf{f}$ *est scalairement essentiellement* μ*-intégrable et on a*

$$\int (u \circ \mathbf{f}) d\mu = u\left(\int \mathbf{f} d\mu\right).$$

En effet, pour tout $\mathbf{z}' \in G'$, on a $\langle \mathbf{z}', u \circ \mathbf{f} \rangle = \langle {}^t u(\mathbf{z}'), \mathbf{f} \rangle$, d'où la première assertion ; la seconde résulte de la formule

$$\left\langle \mathbf{z}', \int (u \circ \mathbf{f}) d\mu \right\rangle = \int \langle \mathbf{z}', u \circ \mathbf{f} \rangle d\mu = \left\langle {}^t u(\mathbf{z}'), \int \mathbf{f} d\mu \right\rangle = \left\langle \mathbf{z}', u\left(\int \mathbf{f} d\mu \right) \right\rangle.$$

En particulier si $\mathbf{f}$ est scalairement essentiellement μ-intégrable elle reste scalairement essentiellement μ-intégrable lorsqu'on remplace la topologie de F par une topologie moins fine.

PROPOSITION 2. — *Soit* $\mathbf{f}$ *une application scalairement essentiellement* μ*-intégrable de* T *dans* F. *Pour toute fonction numérique* $g \geqslant 0$, μ*-mesurable et bornée, l'application* $t \to g(t)\mathbf{f}(t)$ (*notée* $g\mathbf{f}$ *ou* $\mathbf{f}g$) *de* T *dans* F *est scalairement essentiellement* μ*-intégrable,* $\mathbf{f}$ *est scalairement essentiellement* $(g.\mu)$*-intégrable, et l'on a* $\int \mathbf{f} d(g.\mu) = \int \mathbf{f} g d\mu$.

C'est une conséquence immédiate de la formule $\langle \mathbf{z}', g\mathbf{f} \rangle = g\langle \mathbf{z}', \mathbf{f} \rangle$ pour tout $\mathbf{z}' \in F'$ et de la formule $\int h d(g.\mu) = \int h g d\mu$ pour toute fonction scalaire h essentiellement μ-intégrable (chap. V, § 5, n° 3, th. 1).

Un grand nombre de propositions sur les fonctions numériques essentiellement intégrables se transposent mot pour mot en propositions sur les fonctions vectorielles scalairement essentiellement intégrables. Signalons parmi les plus importantes les conditions pour qu'une fonction soit essentiellement intégrable par rapport à une mesure définie par une densité (chap. V, § 5, n° 3, th. 1), ou par rapport à l'image d'une mesure (chap. V, § 6, n° 2, th. 1), ou par rapport à une mesure induite (chap. V, § 7, n° 1, th. 1), ou par rapport à la somme d'une famille sommable de mesures positives (chap. V, § 3, n° 5, prop. 5). Nous laissons ces transcriptions au lecteur.

Par contre, pour obtenir des énoncés correspondant aux théorèmes sur les intégrales « doubles » (chap. V, § 3, n° 4, th. 1 et § 8, n° 1, th. 1 (th. de Lebesgue-Fubini)), il est nécessaire d'en renforcer les hypothèses (cf. exerc. 1) ; en appliquant les théorèmes précités à chacune des fonctions $\langle \mathbf{z}', \mathbf{f} \rangle$, où $\mathbf{z}' \in \mathrm{F}'$, on obtient ainsi les deux propositions suivantes :

Proposition 3. — *Soient* X *un espace localement compact,* $t \to \lambda_t$ *une famille* μ*-adéquate* (chap. V, § 3, n° 1, déf. 1) *de mesures positives sur* X, *et soit* $\nu = \int \lambda_t d\mu(t)$. *Soit* $\mathbf{f}$ *une application de* X *dans* F ; *on suppose que :* 1° $\mathbf{f}$ *est scalairement* ν*-intégrable* ; 2° *il existe un ensemble* $\mathrm{N} \subset \mathrm{T}$, *localement* μ*-négligeable, tel que, pour tout* $t \notin \mathrm{N}$, $\mathbf{f}$ *soit scalairement* λ_t*-intégrable et que* $\int \mathbf{f} d\lambda_t \in \mathrm{F}$. *Alors la fonction* $t \to \int \mathbf{f} d\lambda_t$, *définie pour* $t \notin \mathrm{N}$, *est scalairement essentiellement* μ*-intégrable, et on a*

$$\int \mathbf{f}(x) d\nu(x) = \int d\mu(t) \int \mathbf{f}(x) d\lambda_t(x).$$

Proposition 4. — *Soient* T, T′ *deux espaces localement compacts,* μ (resp. μ') *une mesure positive sur* T (resp. T′), $\nu = \mu \otimes \mu'$ *la mesure produit sur* $\mathrm{X} = \mathrm{T} \times \mathrm{T}'$. *Soit* $\mathbf{f}$ *une application de* X *dans* F. *On suppose que :* 1° $\mathbf{f}$ *est scalairement* ν*-intégrable* ; 2° *il existe un ensemble* $\mathrm{N} \subset \mathrm{T}$, *localement* μ*-négligeable, tel que pour tout* $t \notin \mathrm{N}$, *l'application* $t' \to \mathbf{f}(t, t')$ *soit scalairement* μ*-intégrable, et que* $\int \mathbf{f}(t, t') d\mu'(t') \in \mathrm{F}$. *Alors la fonction* $t \to \int \mathbf{f}(t, t') d\mu'(t')$, *définie pour* $t \notin \mathrm{N}$, *est scalairement essentiellement* μ*-intégrable, et on a*

$$\iint \mathbf{f}(t, t') d\mu(t) d\mu'(t') = \int d\mu(t) \int \mathbf{f}(t, t') d\mu'(t').$$

2. *Propriétés de l'intégrale d'une fonction scalairement essentiellement intégrable.*

Proposition 5. — *Soient* μ *une mesure positive bornée sur* T, S *un ensemble* μ*-mesurable portant* μ (chap. V, § 5, n° 7), $\mathbf{f}$ *une fonction scalairement* μ*-intégrable* (*) *à valeurs dans* F. *Soit* D *l'enve-*

(*) On rappelle que pour une mesure positive *bornée* μ, les notions de fonction μ-intégrable et de fonction essentiellement μ-intégrable sont les mêmes (chap. V, § 2, n° 1, cor. de la prop. 3).

loppe convexe fermée de $\mathbf{f}(S)$ *dans l'espace* F'^* *muni de la topologie* $\sigma(F'^*, F')$. *On a alors* $\int \mathbf{f} d\mu \in \mu(T)D$.

Comme D est l'intersection des demi-espaces fermés contenant $\mathbf{f}(S)$ (*Esp. vect. top.*, chap. II, § 3, nº 3, cor. 1 de la prop. 4), il suffit de démontrer que la relation $\langle \mathbf{f}(t), \mathbf{z}' \rangle \leqslant a$ pour tout $t \in S$ (où $\mathbf{z}' \in F'$, $a \in \mathbf{R}$) entraîne $\langle \mathbf{z}', \int \mathbf{f} d\mu \rangle \leqslant a \, . \, \mu(T)$; mais comme $\int \mathbf{f} d\mu = \int_S \mathbf{f} d\mu$, cela résulte de la prop. 1 du chap. IV, § 4, nº 2.

Corollaire. — *Soient* μ *une mesure positive bornée sur* T, S *un ensemble* μ*-mesurable portant* μ, $\mathbf{f}$ *une application de* T *dans* F, *scalairement* μ*-mesurable et telle que* $\mathbf{f}(S)$ *soit contenu dans une partie convexe faiblement compacte* A *de* F. *Alors* $\mathbf{f}$ *est scalairement* μ*-intégrable, et l'on a* $\int \mathbf{f} d\mu \in \mu(T)A \subset F$.

En effet, pour tout $\mathbf{z}' \in F'$, $\langle \mathbf{z}', \mathbf{f} \rangle$ est μ-mesurable et bornée dans S, donc intégrable, ce qui prouve que $\mathbf{f}$ est scalairement intégrable. En outre, comme A est compact dans F_σ, il est fermé dans F'^*, et l'enveloppe convexe fermée de $\mathbf{f}(S)$ dans F'^* est contenue dans A, d'où le corollaire.

Proposition 6. — *Soit* $\mathbf{f}$ *une fonction scalairement essentiellement* μ*-intégrable à valeurs dans* F, *telle que* $\int \mathbf{f} d\mu \in F$. *Pour toute semi-norme* q *sur* F, *semi-continue inférieurement dans* F, *on a*

$$q\left(\int \mathbf{f} d\mu\right) \leqslant \overline{\int}^* (q \circ \mathbf{f}) d\mu.$$

Soit D l'ensemble des $\mathbf{z} \in F$ tels que $q(\mathbf{z}) \leqslant 1$; D est fermé et convexe et contient 0, donc on a $D = D^{00}$ (*Esp. vect. top.*, chap. IV, § 2, nº 3, cor. 2 de la prop. 4). Il suffit donc de prouver que pour tout $\mathbf{z}' \in D^0$ on a $|\langle \mathbf{z}', \int \mathbf{f} d\mu \rangle| \leqslant \overline{\int}^* (q \circ \mathbf{f}) d\mu$; mais cela résulte aussitôt de ce que l'on a, pour tout $t \in T$, $|\langle \mathbf{z}', \mathbf{f}(t) \rangle| \leqslant q(\mathbf{f}(t))$.

On notera que la fonction numérique $q \circ \mathbf{f}$ n'est pas nécessairement μ-mesurable (exerc. 12).

PROPOSITION 7. — *Soit* $\mathbf{f}$ *une application de* T *dans* F, *scalairement essentiellement* μ-*intégrable et telle que, pour toute partie compacte* K *de* T, $\mathbf{f}(K)$ *soit contenue dans une partie convexe équilibrée faiblement compacte de* F. *Alors* $\int \mathbf{f}d\mu$ *appartient au bidual* F'' *de* F.

Pour toute partie compacte K de T, on a

$$\int \mathbf{f}\varphi_K d\mu = \int (\mathbf{f}\varphi_K) d(\varphi_K . \mu) ;$$

on peut appliquer à la mesure bornée $\varphi_K . \mu$ et à la fonction $\mathbf{f}\varphi_K$ le cor. de la prop. 5, et on a par suite $\int \mathbf{f}\varphi_K d\mu \in F$. Pour tout $\mathbf{z}' \in F'$, $\langle \mathbf{z}', \mathbf{f} \rangle$ est essentiellement μ-intégrable, et par suite (chap. V, § 2, n° 2, prop. 8) on a $\int \langle \mathbf{z}', \mathbf{f} \rangle d\mu = \lim_K \int \langle \mathbf{z}', \mathbf{f} \rangle \varphi_K d\mu$, la limite étant prise suivant l'ensemble filtrant croissant des parties compactes de T. On en conclut que, suivant cet ensemble, $\int \mathbf{f}\varphi_K d\mu$ converge vers $\int \mathbf{f}d\mu$ pour la topologie $\sigma(F'^*, F')$. Or, on a

$$\left|\left\langle \mathbf{z}', \int \mathbf{f}\varphi_K d\mu \right\rangle\right| = \left| \int \langle \mathbf{z}', \mathbf{f} \rangle \varphi_K d\mu \right| \leqslant \int |\langle \mathbf{z}', \mathbf{f} \rangle| d\mu$$

ce qui prouve que l'ensemble des éléments $\int \mathbf{f}\varphi_K d\mu$ est une partie *bornée* de F_σ, donc aussi de F (*Esp. vect. top.*, chap. IV, § 2, n° 4, th. 3). La prop. 7 est donc conséquence du lemme suivant :

Lemme 1. — *L'adhérence dans* F'^* (*pour la topologie* $\sigma(F'^*, F')$) *de toute partie bornée de* F *est contenue dans le bidual* F''.

En effet, une partie bornée de F est contenue dans le polaire (dans F'') d'un voisinage de 0 dans le dual fort F' de F, donc est relativement compacte dans F'' pour $\sigma(F'', F')$ (*Esp. vect. top.*, chap. IV, § 2, n° 2, prop. 1 et 2) ; comme $\sigma(F'', F')$ est induite par $\sigma(F'^*, F')$ le lemme est démontré.

COROLLAIRE. — *Supposons* F *semi-réflexif, et soit* $\mathbf{f}$ *une application scalairement essentiellement* μ*-intégrable de* T *dans* F *telle que, pour toute partie compacte* K *de* T, $\mathbf{f}(K)$ *soit* bornée. *Alors* $\int \mathbf{f} d\mu$ *appartient à* F.

Toute partie bornée de F est en effet relativement faiblement compacte (*Esp. vect. top.*, chap. IV, § 3, nº 3, th. 1), et on a $F = F''$.

PROPOSITION 8. — *Soient* μ *une mesure positive bornée sur* T, S *un ensemble* μ*-mesurable portant* μ, $\mathbf{f}$ *une application* μ*-mesurable de* T *dans* F, *telle que* $\mathbf{f}(S)$ *soit contenu dans une partie convexe équilibrée bornée et* complète B *de* F. *Alors* $\mathbf{f}$ *est scalairement* μ*-intégrable et on a* $\int \mathbf{f} d\mu \in \mu(T)B \subset F$.

Comme S est μ-intégrable, il existe une partition de S formée d'un ensemble μ-négligeable N et d'une suite (K_n) de parties compactes telles que la restriction de $\mathbf{f}$ à chacun des K_n soit continue (chap. IV, § 5, nº 1) ; $\mathbf{f}(K_n)$ est par suite une partie compacte de F. L'enveloppe convexe équilibrée fermée B_n de $\mathbf{f}(K_n)$ est alors précompacte (*Esp. vect. top.*, chap. II, § 4, nº 1, prop. 2) et est contenue dans la partie complète B de F, donc elle est compacte, et *a fortiori* faiblement compacte. Par suite (cor. de la prop. 5), $\mathbf{f}\varphi_{K_n}$ est scalairement μ-intégrable, et on a $\mathbf{z}_n = \int \mathbf{f}\varphi_{K_n} d\mu \in \mu(K_n)B_n \subset \mu(K_n)B$. Pour toute semi-norme continue p sur F, on a par suite $p(\mathbf{z}_n) \leqslant \mu(K_n).\sup_{\mathbf{x}\in B} p(\mathbf{x})$; comme B est bornée et que la série de terme général $\mu(K_n)$ est convergente et a pour somme $\mu(T)$, on voit que la suite de terme général $\mathbf{s}_n = \mathbf{z}_1 + \mathbf{z}_2 + \cdots + \mathbf{z}_n$ est une suite de Cauchy dans la partie complète $\mu(T)B$ de F. Cette suite converge donc vers un élément $\mathbf{s}$ de $\mu(T)B$; comme on peut supposer $\mathbf{f}(t) = 0$ dans $T - S$, le th. de Lebesgue appliqué à chacune des fonctions $\langle \mathbf{z}', \mathbf{f} \rangle$ $(\mathbf{z}' \in F')$ prouve que $\mathbf{s} = \int \mathbf{f} d\mu$.

3. Intégrales d'opérateurs.

Soient G et H deux espaces localement convexes séparés sur **R**, et supposons maintenant que F soit l'espace $\mathcal{L}(G ; H)$ des applications linéaires continues de G dans H, muni de la topologie de la convergence *simple*. Le dual F′ de F est alors l'espace $G \otimes H'$ (*Esp. vect. top.*, chap. IV, § 2, n° 9, cor. de la prop. 11), et dire qu'une application U de T dans F est scalairement essentiellement μ-intégrable signifie que, pour tout $\mathbf{a} \in G$ et tout $\mathbf{b} \in H'$, la fonction numérique $t \rightarrow \langle U(t), \mathbf{a} \otimes \mathbf{b}' \rangle = \langle U(t) . \mathbf{a}, \mathbf{b}' \rangle$ est essentiellement μ-intégrable.

Proposition 9. — *Soit U une application scalairement essentiellement μ-intégrable de* T *dans* $F = \mathcal{L}_s(G ; H)$. *Pour que l'on ait* $\int U d\mu \in F$, *il faut et il suffit que les deux conditions suivantes soient vérifiées :*

a) *Pour tout* $\mathbf{x} \in G$, *on a* $\int (U(t) . \mathbf{x}) d\mu(t) \in H$.

b) *Pour toute partie équicontinue* B′ *de* H′, *l'ensemble des formes linéaires* $u_{\mathbf{y}'} : \mathbf{x} \rightarrow \int \langle U(t) . \mathbf{x}, \mathbf{y}' \rangle d\mu(t)$, *où* $\mathbf{y}'$ *parcourt* B′, *est équicontinu.*

Les conditions *a*) et *b*) sont nécessaires. En effet, pour tout $\mathbf{x} \in G$, l'application $\tilde{\mathbf{x}} : V \rightarrow V . \mathbf{x}$ de $\mathcal{L}_s(G ; H)$ dans H étant linéaire et continue, on voit (n° 1, prop. 1) que $\tilde{\mathbf{x}} \circ U : t \rightarrow U(t) . \mathbf{x}$ est scalairement essentiellement μ-intégrable et que l'on a

$$(1) \qquad S . \mathbf{x} = \int (U(t) . \mathbf{x}) d\mu(t)$$

en posant $S = \int U d\mu \in \mathcal{L}_s(G ; H)$. Cela prouve *a*). De plus, (1) s'écrit aussi

$$(2) \qquad \langle S . \mathbf{x}, \mathbf{y}' \rangle = \int \langle U(t) . \mathbf{x}, \mathbf{y}' \rangle d\mu(t) = \langle \mathbf{x}, u_{\mathbf{y}'} \rangle,$$

autrement dit on a ${}^tS . \mathbf{y}' = u_{\mathbf{y}'}$. Comme S est continue, ${}^tS$ transforme toute partie équicontinue de H′ en une partie équicontinue de G′, d'où *b*).

Inversement, supposons *a*) et *b*) vérifiées. En vertu de *a*), la formule (1) définit une application linéaire S de G dans H, et pour tout $\mathbf{y}' \in H'$, cette application vérifie (2) (n° 1, prop. 1) ; mais alors la condition *b*) exprime que S est continue (*Esp. vect. top.*, chap. IV, § 4, n° 1, prop. 1 et 2, et § 2, n° 2, prop. 1), donc $S \in \mathfrak{L}_s(G\,;H)$. Enfin, la formule (2) prouve que $S = \int U d\mu$.

Corollaire. — *La condition b) de la prop. 9 est vérifiée dans chacun des deux cas suivants :*

1° *La mesure* μ *est bornée, et si* S *est son support,* $U(S)$ *est une partie équicontinue de* $\mathfrak{L}(G\,;H)$.

2° *La condition a) de la prop. 9 est vérifiée, l'espace* G *est tonnelé, et pour toute partie compacte* K *de* T, $U(K)$ *est une partie bornée de* $\mathfrak{L}_s(G\,;H)$.

Plaçons-nous d'abord dans le cas 1°. On peut se borner au cas où S = T (chap. V, § 7, n° 1, th. 1). Alors, pour toute partie équicontinue B′ de H′, il existe une partie équicontinue, convexe, équilibrée et faiblement fermée $A' \subset G'$ telle que ${}^tU(t).\mathbf{y}' \in A'$ pour tout $\mathbf{y}' \in B'$ et tout $t \in T$ (*Esp. vect. top.*, chap. IV, § 4, n° 1, prop. 2). Comme U est scalairement μ-intégrable, l'application $t \to {}^tU(t).\mathbf{y}'$ de T dans le dual G′ de G muni de $\sigma(G', G)$, est scalairement μ-intégrable, et on peut écrire

$$u_{\mathbf{y}'} = \int ({}^tU(t).\mathbf{y}')d\mu(t).$$

Comme A′ est convexe et compacte pour $\sigma(G', G)$, le cor. de la prop. 5 du n° 2 montre que, pour tout $\mathbf{y}' \in B'$, on a $u_{\mathbf{y}'} \in \mu(T)A'$, ce qui prouve notre assertion.

Plaçons-nous maintenant dans le cas 2°. Pour tout $\mathbf{y}' \in H'$ et toute partie compacte K de T, posons

$$u_{K,\mathbf{y}'} = \int \varphi_K(t)({}^tU(t).\mathbf{y}')d\mu(t),$$

élément du dual algébrique G* de G. Comme G est tonnelé, toute partie bornée de $\mathfrak{L}_s(G\,;H)$ est équicontinue (*Esp. vect. top.*, chap. III, § 3, n° 6, th. 2) ; la première partie du raisonnement, appliquée à la fonction $\varphi_K U$ et à la mesure bornée $\varphi_K.\mu$, montre que l'on a $u_{K,\mathbf{y}'} \in G'$. En outre, pour la topologie $\sigma(G^*, G)$, on a $u_{\mathbf{y}'} = \lim_K u_{K,\mathbf{y}'}$, la limite étant prise suivant l'ensemble filtrant croissant des parties compactes de T (chap. V, § 2, n° 2, prop. 8). Pour vérifier la condition *b*) de la prop. 9, il suffit, d'après la prop. 9, de prouver que l'application linéaire S de G dans H définie par (1) est continue ; en outre, G est tonnelé, et il suffit donc de prouver que S est continue quand on munit G et H de leurs topologies affaiblies (*Esp. vect. top.*, chap. IV, § 4, n° 2, cor. de la prop. 7) ; finalement, en vertu de (2), on est ramené à montrer que pour tout $\mathbf{y}' \in H'$, on a $u_{\mathbf{y}'} \in G'$. Comme $u_{\mathbf{y}'}$ est adhérent pour $\sigma(G^*, G)$ à l'ensemble M′ des $u_{K,\mathbf{y}'}$, où K parcourt l'ensemble des parties compactes de T, il suffit de prouver que M′ est équicontinu ; et comme G est tonnelé, il revient au même de dire que pour tout $\mathbf{x} \in G$, l'ensemble des $\langle \mathbf{x}, u_{K,\mathbf{y}'} \rangle$ est borné (*Esp. vect. top.*, chap. III, § 3, n° 6, th. 2). Mais cela résulte aussitôt des relations

$$|\langle \mathbf{x}, u_{K,\mathbf{y}'} \rangle| = \left| \int \varphi_K(t) \langle U(t) . \mathbf{x}, \mathbf{y}' \rangle d\mu(t) \right| \leqslant \int |\langle U(t) . \mathbf{x}, \mathbf{y}' \rangle| d\mu(t).$$

PROPOSITION 10. — *Soit U une application de* T *dans* $F = \mathcal{L}_s(G\,;\,H)$. *Dans chacun des trois cas suivants, U est scalairement essentiellement μ-intégrable, et on a* $\int U d\mu \in \mathcal{L}_s(G\,;\,H)$:

a) H *est quasi-complet, μ est bornée, et si* S *est son support, U est μ-mesurable et U*(S) *est équicontinu.*

b) H *est semi-réflexif, μ est bornée, et si* S *est son support, U est scalairement μ-mesurable et U*(S) *est équicontinu.*

c) H *est semi-réflexif,* G *est tonnelé, U est scalairement essentiellement μ-intégrable, et pour toute partie compacte* K *de* T, *U*(K) *est borné.*

Le fait que U est scalairement essentiellement intégrable est évident dans les trois cas ; en vertu de la prop. 9 et de son corollaire il suffit de vérifier dans chacun des cas la condition *a*) de la prop. 9. Or, cette condition résulte de la prop. 8 du n° 2 dans le premier cas, du cor. de la prop. 7 du n° 2 dans les deux autres cas.

4. *La propriété (GDF).*

Nous allons dans ce n° considérer des espaces localement convexes F possédant la propriété suivante (dite « du graphe dénombrablement fermé ») :

(GDF) *Si u est une application linéaire de* F *dans un espace de Banach* B *telle que, dans l'espace produit* $F \times B$, *toute limite de toute suite convergente de points du graphe* Γ *de u appartienne encore à* Γ, *alors u est continue.*

Tout espace de Fréchet possède la propriété (GDF) (*Esp. vect. top.*, chap. I, § 3, n° 3, cor. 5 du th. 1). Nous verrons dans l'Appendice d'autres exemples d'espaces possédant la propriété (GDF).

PROPOSITION 11. — *Tout espace localement convexe séparé* F *possédant la propriété* (GDF) *est tonnelé.*

Soient V un tonneau dans F, q sa jauge, qui est une semi-norme sur F ; soit H l'espace séparé associé à l'espace F muni de la topologie définie par cette seule semi-norme. Le complété $\hat{H}$ de H est un espace de Banach ; soit π l'application canonique de F dans $\hat{H}$; nous allons montrer que π est *continue* (pour la topologie initiale de F) ; cela établira la proposition, car V, image réciproque par π de la boule unité de $\hat{H}$, sera alors un voisinage de 0 dans F. Pour établir la continuité de π, il suffira, en vertu de (GDF), de montrer que le graphe de π est *fermé* dans $F \times \hat{H}$; en d'autres termes, nous devons voir que si $\mathfrak{F}$ est un filtre sur F, convergent vers $\mathbf{x} \in F$, et si son image $\pi(\mathfrak{F})$ converge vers $\mathbf{y} \in \hat{H}$, on a $\mathbf{y} = \pi(\mathbf{x})$. Or tout élément $\mathbf{x}'$ du polaire V^0 de V dans F' se prolonge d'une seule manière en une forme linéaire continue sur $\hat{H}$ (notée encore $\mathbf{x}'$), et l'ensemble de ces formes est la boule unité du dual de $\hat{H}$; il suffit donc de montrer que $\langle \mathbf{y}, \mathbf{x}' \rangle = \langle \pi(\mathbf{x}), \mathbf{x}' \rangle$ pour tout $\mathbf{x}' \in V^0$. Mais cela résulte des relations

$$\langle \mathbf{y}, \mathbf{x}' \rangle = \lim_{\mathfrak{F}} \langle \pi(\mathbf{z}), \mathbf{x}' \rangle = \lim_{\mathfrak{F}} \langle \mathbf{z}, \mathbf{x}' \rangle = \langle \mathbf{x}, \mathbf{x}' \rangle = \langle \pi(\mathbf{x}), \mathbf{x}' \rangle.$$

THÉORÈME 1 (Gelfand-Dunford). — *Soient* F *un espace localement convexe séparé possédant la propriété* (GDF), F'_s *son dual faible. Pour toute application* $\mathbf{f}$ *de* T *dans* F'_s, *scalairement essentiellement* μ*-intégrable, l'intégrale* $\int \mathbf{f} d\mu$ *appartient à* F'.

Rappelons que le dual de F'_s est F (*Esp. vect. top.*, chap. IV, § 1, n° 2, prop. 1). Pour tout $\mathbf{z} \in F$, la fonction numérique $\langle \mathbf{z}, \mathbf{f} \rangle$ est donc essentiellement μ-intégrable ; soit $\theta(\mathbf{z})$ sa classe dans $L^1(\mu)$.

Pour montrer que $\int \mathbf{f} d\mu \in \mathrm{F}'$, il faut établir que la forme linéaire $\mathbf{z} \to \langle \mathbf{z}, \int \mathbf{f} d\mu \rangle$ est continue dans F ; en fait, nous allons démontrer le résultat plus fort suivant :

Lemme 2. — *Soit* $\mathbf{f}$ *une application de* T *dans* F'_s, *telle que, pour tout* $\mathbf{z} \in \mathrm{F}$, *la fonction numérique* $\langle \mathbf{z}, \mathbf{f} \rangle$ *appartienne à* $\overline{\mathcal{L}}^p(\mu)$ $(1 \leqslant p \leqslant +\infty)$; *soit* $\theta(\mathbf{z})$ *la classe de cette fonction dans* $\mathrm{L}^p(\mu)$. *Alors* $\mathbf{z} \to \theta(\mathbf{z})$ *est une application linéaire continue de* F *dans* $\mathrm{L}^p(\mu)$.

En vertu de la propriété (GDF), il suffit de montrer que pour toute suite $(\mathbf{z}_n)$ d'éléments de F convergente vers $\mathbf{z}$ et telle que $(\theta(\mathbf{z}_n))$ converge vers $u \in \mathrm{L}^p(\mu)$, on a $u = \theta(\mathbf{z})$. Or, en remplaçant éventuellement la suite $(\mathbf{z}_n)$ par une suite extraite, on peut supposer que la suite des fonctions $\langle \mathbf{z}_n, \mathbf{f} \rangle$ converge localement presque partout vers une fonction $h \in \overline{\mathcal{L}}^p(\mu)$, de classe u dans $\mathrm{L}^p(\mu)$ (chap. IV, § 3, n° 4, th. 3 et chap. V, § 2, n° 2, prop. 6). Comme par hypothèse, pour tout $t \in \mathrm{T}$, la suite $(\langle \mathbf{z}_n, \mathbf{f}(t) \rangle)$ converge vers $\langle \mathbf{z}, \mathbf{f}(t) \rangle$, on a $h(t) = \langle \mathbf{z}, \mathbf{f}(t) \rangle$ localement presque partout, et par suite $u = \theta(\mathbf{z})$.

COROLLAIRE 1. — *Soient* G_i $(1 \leqslant i \leqslant n)$ *n espaces localement convexes séparés possédant la propriété* (GDF), *et soit* F *l'espace des formes multilinéaires séparément continues dans* $\prod_{i=1}^{n} \mathrm{G}_i$, *muni de la topologie de la convergence simple. Pour toute application* $\mathbf{f}$ *de* T *dans* F, *scalairement essentiellement* μ*-intégrable, on a* $\int \mathbf{f} d\mu \in \mathrm{F}$.

L'espace F est en dualité avec le produit tensoriel $\bigotimes_{i=1}^{n} \mathrm{G}_i$, et la topologie de la convergence simple sur F n'est autre que la topologie $\sigma(\mathrm{F}, \bigotimes_{i=1}^{n} \mathrm{G}_i)$. Le dual algébrique F'^* est donc l'espace de toutes les formes multilinéaires sur $\prod_{i=1}^{n} \mathrm{G}_i$. Soit $\mathbf{z} = (\mathbf{z}_1, \ldots, \mathbf{z}_n)$ un élément de $\prod_{i=1}^{n} \mathrm{G}_i$; pour toute forme multilinéaire $\mathbf{u} \in \mathrm{F}'^*$, l'application $\mathbf{x} \rightarrow \mathbf{u}(\mathbf{z}_1, \ldots, \mathbf{z}_{i-1}, \mathbf{x}, \mathbf{z}_{i+1}, \ldots, \mathbf{z}_n)$ est une forme linéaire sur G_i que nous noterons $\lambda_i(\mathbf{z})(\mathbf{u})$; on obtient ainsi une application linéaire $\lambda_i(\mathbf{z})$ de F'^* dans le dual algébrique G_i^* de G_i, continue pour les topologies $\sigma(F'^*, \bigotimes_{i=1}^{n} G_i)$ et $\sigma(G_i^*, G_i)$. Dire que $\mathbf{u} \in F$ signifie que pour tout indice i et tout $\mathbf{z} \in \prod_{i=1}^{n} G_i$, on a $\lambda_i(\mathbf{z})(\mathbf{u}) \in G_i'$. Or, d'après la prop. 1 du nº 1, l'application $\lambda_i(\mathbf{z}) \circ \mathbf{f}$ est une application scalairement essentiellement μ-intégrable de T dans G_i' muni de la topologie $\sigma(G_i', G_i)$, et on a $\int (\lambda_i(\mathbf{z}) \circ \mathbf{f}) d\mu = \lambda_i(\mathbf{z})\left(\int \mathbf{f} d\mu\right)$. D'après le th. 1, on a $\int (\lambda_i(\mathbf{z}) \circ \mathbf{f}) d\mu \in G_i'$ pour $1 \leqslant i \leqslant n$, donc $\int \mathbf{f} d\mu \in F$.

Corollaire 2. — *Soient* G *un espace localement convexe séparé possédant la propriété* (GDF), H *un espace semi-réflexif dont le dual fort* H_b' *possède la propriété* (GDF) (*cf. App.*, nº 2, prop. 3). *Soit* F *l'espace* $\mathcal{L}_s(G ; H)$; *pour toute application* U *de* T *dans* F, *scalairement essentiellement* μ*-intégrable, l'intégrale* $\int U d\mu$ *appartient à* F.

Comme G est tonnelé (prop. 11), on a $\mathcal{L}(G ; H) = \mathcal{L}(G_\sigma ; H_\sigma)$ (*Esp. vect. top.*, chap. IV, § 4, nº 2, cor. de la prop. 7) ; en outre, on peut remplacer $F = \mathcal{L}_s(G ; H)$ par l'espace $\mathcal{L}_s(G_\sigma ; H_\sigma)$, les deux espaces ayant même dual $G \otimes H'$ (*Esp. vect. top.*, chap. IV, § 2, nº 9, cor. de la prop. 11, et § 1, nº 2, prop. 1). Si pour tout $u \in \mathcal{L}(G ; H) = \mathcal{L}(G_\sigma ; H_\sigma)$, on pose $\tilde{u}(\mathbf{x}, \mathbf{y}') = \langle u(\mathbf{x}), \mathbf{y}' \rangle$ (pour $\mathbf{x} \in G$, $\mathbf{y}' \in H'$), l'application linéaire $u \rightarrow \tilde{u}$ est une bijection de F sur l'espace F_1 des formes bilinéaires séparément continues sur $G_\sigma \times H_s'$, où H_s' désigne le dual H' muni de la topologie faible $\sigma(H', H)$ (*App.*, nº 1) ; en outre cette application est un isomorphisme de $\mathcal{L}_s(G_\sigma ; H_\sigma)$ sur F_1 muni de la topologie de la convergence simple (*loc. cit.*). Mais comme par hypothèse H est le dual de H_b', F_1 est aussi l'espace des formes bilinéaires séparément continues sur $G \times H_b'$. Le cor. 2 résulte donc du cor. 1.

On notera que le cor. 2 s'applique en particulier lorsque G est un *espace de Banach* et H *un espace de Banach réflexif*.

5. *Applications mesurables et applications scalairement mesurables.*

Si une application $\mathbf{f}$ de T dans un espace localement convexe séparé F est scalairement μ-mesurable, il n'en résulte pas en général que $\mathbf{f}$ soit μ-mesurable (exerc. 12). Cependant :

PROPOSITION 12. — *Si* F *est un espace localement convexe métrisable de type dénombrable, toute application* $\mathbf{f}$ *de* T *dans* F, *scalairement* μ*-mesurable, est aussi* μ*-mesurable.*

En effet, F peut être considéré comme un sous-espace d'un produit dénombrable $\prod_n E_n$ d'espaces de Banach (*Esp. vect. top.*, chap. II, § 5, nº 5, prop. 7), et on peut supposer que $pr_n(F)$ est dense dans E_n, qui est donc de type dénombrable. Pour tout n, l'application $pr_n \circ \mathbf{f}$ est scalairement μ-mesurable, donc μ-mesurable (chap. IV, § 5, nº 5, prop. 10), et par suite $\mathbf{f}$ est μ-mesurable (chap. IV, § 5, nº 3, th. 1).

PROPOSITION 13. — *Soit* F *un espace localement convexe, limite inductive d'une suite d'espaces localement convexes métrisables* F_n *de type dénombrable,* F *étant réunion des* F_n. *Soit* F′ *le dual de* F *muni de la topologie* $\sigma(F', F)$. *Toute application* $\mathbf{f}$ *de* T *dans* F′, *scalairement* μ*-mesurable, est aussi* μ*-mesurable.*

Supposons d'abord que F soit métrisable et de type dénombrable, et soit D un ensemble dénombrable dense dans F. Soit (V_n) une suite fondamentale décroissante de voisinages ouverts convexes équilibrés de 0 dans F ; les ensembles polaires V_n^0 sont équicontinus et leur réunion est F′ tout entier. Soit $T_n = \overset{-1}{\mathbf{f}}(V_n^0)$; la suite (T_n) est croissante et $T = \bigcup_n T_n$; montrons que chacun des T_n est μ-*mesurable*. En effet, $D \cap V_n$ est dense dans V_n ; pour tout $\mathbf{y} \in D \cap V_n$, soit $S_\mathbf{y}$ l'ensemble des $t \in T$ tels que $|\langle \mathbf{y}, \mathbf{f}(t) \rangle| \leqslant 1$; l'hypothèse entraîne que chacun des $S_\mathbf{y}$ est mesurable, et T_n est l'intersection de la famille dénombrable des $S_\mathbf{y}$ $(\mathbf{y} \in D \cap V_n)$. Cela étant, pour toute partie compacte K de T et tout $\varepsilon > 0$, il existe un entier n tel que $\mu(K - (K \cap T_n)) \leqslant \frac{\varepsilon}{4}$, puis une partie compacte K_1 de $K \cap T_n$ telle que $\mu((K \cap T_n) - K_1) \leqslant \frac{\varepsilon}{4}$; enfin, il existe une partie compacte K_2 de K_1 telle que $\mu(K_1 - K_2) \leqslant \frac{\varepsilon}{2}$, et que les restrictions à K_2 de toutes les fonctions $\langle \mathbf{y}, \mathbf{f} \rangle$, où $\mathbf{y} \in D$, soient continues (chap. IV, § 5, n° 1, prop. 2). Comme l'ensemble $\mathbf{f}(K_2) \subset \mathbf{f}(T_n) \subset V_n^0$ est équicontinu, la topologie induite par $\sigma(F', F)$ sur $\mathbf{f}(K_2)$ est identique à la topologie de la convergence simple dans D (*Top. gén.*, chap. X, 2e éd., § 2, n° 4, th. 1) ; par suite, la restriction de $\mathbf{f}$ à K_2 est continue, d'où notre assertion dans ce premier cas.

Passons au cas général. Si $\mathbf{z}'$ est une forme linéaire continue sur F, sa restriction $\mathbf{z}'_n$ à F_n est continue ; comme $F = \bigcup_n F_n$, le dual F' de F peut être identifié (algébriquement) à un sous-espace vectoriel du produit $\prod_n F'_n$, et on a $pr_n \mathbf{z}' = \mathbf{z}'_n$. En outre, toute partie finie de F étant contenue dans l'un des F_n, la topologie $\sigma(F', F)$ n'est autre que la topologie induite par la topologie produit des topologies $\sigma(F'_n, F_n)$. Cela étant, si $\mathbf{f}$ est scalairement μ-mesurable, $pr_n \circ \mathbf{f}$ est scalairement μ-mesurable, puisque pour tout $t \in T$, $pr_n(\mathbf{f}(t))$ est la restriction de $\mathbf{f}(t)$ à F_n. La première partie de la démonstration montre que $pr_n \circ \mathbf{f}$ est μ-mesurable pour tout n, et il en est donc de même de $\mathbf{f}$ (chap. IV, § 5, n° 3, th. 1).

6. *Applications : I. Extension d'une fonction continue à un espace de mesures.*

Soient T un espace localement compact, F un espace localement convexe séparé et *quasi-complet*, $\mathbf{f}$ une application continue de T dans F ; si μ est une mesure positive sur T, à support *compact* S, $\mathbf{f}(S)$ est compact ; l'enveloppe fermée convexe de $\mathbf{f}(S)$ est alors compacte (*Esp. vect. top.*, chap. III, § 2, n° 5), donc $\mathbf{f}$ est scalairement μ-intégrable et on a $\int \mathbf{f} d\mu \in F$ (n° 2, cor. de la prop. 5). Si maintenant λ est une mesure réelle quelconque à support compact, λ^+ et λ^- sont des mesures positives à support compact ; si on pose $\int \mathbf{f} d\lambda = \int \mathbf{f} d\lambda^+ - \int \mathbf{f} d\lambda^-$, on vérifie aussitôt (en utilisant la relation $(\lambda + \mu)^+ + \lambda^- + \mu^- = \lambda^+ + \mu^+ + (\lambda + \mu)^-$) que $\lambda \to \int \mathbf{f} d\lambda$ est une application *linéaire* de l'espace $\mathcal{C}'(\mathrm{T})$ des mesures *à support compact* sur T, dans l'espace localement convexe F.

Notons maintenant que l'espace $\mathcal{C}'(\mathrm{T})$ peut être identifié au *dual* de l'espace $\mathcal{C}(\mathrm{T})$ des fonctions continues numériques sur T (d'où sa notation), lorsqu'on munit $\mathcal{C}(\mathrm{T})$ de la topologie de la *convergence compacte* (ce que nous supposerons toujours dans ce n° et le suivant) : en effet on sait d'une part (chap. III, § 3, n° 4, prop. 11) que les mesures sur T qui peuvent être prolongées en des formes linéaires continues dans $\mathcal{C}(\mathrm{T})$ sont les mesures à support compact, et inversement, la restriction à $\mathcal{K}(\mathrm{T})$ d'une forme linéaire continue sur $\mathcal{C}(\mathrm{T})$ est une mesure (la topologie de $\mathcal{K}(\mathrm{T})$ étant plus fine que celle induite par la topologie de $\mathcal{C}(\mathrm{T})$).

Proposition 14. — *Soient* T *un espace localement compact,* F *un espace localement convexe séparé et quasi-complet,* $\mathbf{f}$ *une application continue de* T *dans* F. *Si on munit l'espace* $\mathcal{C}'(\mathrm{T})$ *des mesures sur* T *à support compact, de la topologie de la convergence uniforme dans les parties compactes de* $\mathcal{C}(\mathrm{T})$, *l'application* $\lambda \to \int \mathbf{f} d\lambda$ *est l'unique application linéaire continue* $\tilde{\mathbf{f}}$ *de* $\mathcal{C}'(\mathrm{T})$ *dans* F *telle que* $\tilde{\mathbf{f}}(\varepsilon_t) = \mathbf{f}(t)$ *pour tout* $t \in \mathrm{T}$.

Pour établir l'unicité du prolongement, il suffit de voir que les mesures ponctuelles ε_t forment un ensemble total dans $\mathcal{C}'(\mathrm{T})$: comme le dual de $\mathcal{C}'(\mathrm{T})$ est $\mathcal{C}(\mathrm{T})$ (*Esp. vect. top.*, chap. IV, § 2, n° 3, th. 2), il suffit de remarquer que toute fonction $g \in \mathcal{C}(\mathrm{T})$ orthogonale à toutes les mesures ε_t est égale à 0 par définition (*Esp. vect. top.*, chap. IV, § 2, n° 3, *Remarque*).

Montrons maintenant que $\lambda \to \int \mathbf{f} d\lambda$ est continue. Soit V un voisinage convexe fermé équilibré de 0 dans F ; il suffit de prouver qu'il existe une partie relativement compacte L de $\mathcal{C}(\mathrm{T})$ telle que les relations $\lambda \in \mathrm{L}^0$ et $\mathbf{z}' \in \mathrm{V}^0$ entraînent $\left|\left\langle \int \mathbf{f} d\lambda, \mathbf{z}' \right\rangle\right| \leqslant 1$, ou encore $\left|\int \langle \mathbf{f}, \mathbf{z}' \rangle \, d\lambda\right| \leqslant 1$. Pour cela, on va montrer que lorsque $\mathbf{z}'$ parcourt V^0, l'ensemble L des fonctions numériques $\langle \mathbf{f}, \mathbf{z}' \rangle$ est relativement compact dans $\mathcal{C}(T)$. Comme V^0 est borné pour $\sigma(F', F)$, la borne supérieure des nombres $|\langle \mathbf{f}(t), \mathbf{z}' \rangle|$ pour $t \in T$ fixe, $\mathbf{z}'$ parcourant V^0, est finie; en vertu du th. d'Ascoli (*Top. gén.*, chap. X, 2e éd., § 2, no 5, cor. 2 du th. 2), il suffit donc de montrer que l'ensemble des $\langle \mathbf{f}, \mathbf{z}' \rangle$ ($\mathbf{z}' \in V^0$) est *équicontinu*. Mais, pour tout $t_0 \in T$ et tout $\delta > 0$, il existe par hypothèse un voisinage W de t_0 dans T tel que $\mathbf{f}(t) - \mathbf{f}(t_0) \in \delta V$ pour tout $t \in W$; on en conclut $|\langle \mathbf{f}(t), \mathbf{z}' \rangle - \langle \mathbf{f}(t_0), \mathbf{z}' \rangle| \leqslant \delta$ pour tout $t \in W$ et tout $\mathbf{z}' \in V^0$, ce qui achève la démonstration.

Remarques. — 1) L'application $t \to \varepsilon_t$ est un *homéomorphisme* de T dans l'espace $\mathcal{C}'(T)$; en effet, si L est une partie compacte de $\mathcal{C}(T)$, et $t_0 \in T$, il existe (chap. X, 2e éd., § 2, no 5, cor. 2 du th. 2), un voisinage W de t_0 tel que $|g(t) - g(t_0)| \leqslant 1$ pour tout $t \in V$ et toute fonction $g \in L$, donc $\varepsilon_t - \varepsilon_{t_0} \in L^0$ pour $t \in V$, ce qui démontre la continuité de $t \to \varepsilon_t$; on sait par ailleurs que l'application réciproque est déjà continue pour la topologie vague (chap. III, § 2, no 7, prop. 6), donc *a fortiori* pour la topologie de la convergence uniforme dans les parties compactes de $\mathcal{C}(T)$. Si alors on identifie T et son image dans $\mathcal{C}'(T)$ par $t \to \varepsilon_t$, on peut dire que $\lambda \to \int \mathbf{f} d\lambda$ est l'unique *prolongement continu* de $\mathbf{f}$ en une application *linéaire*.

2) On notera que dans la démonstration de la continuité de $\lambda \to \int \mathbf{f} d\lambda$, on n'a pas utilisé le fait que F est quasi-complet. La conclusion de la prop. 14 est donc encore valable sans cette hypothèse, lorsqu'on sait par ailleurs que $\int \mathbf{f} d\mu \in F$ pour toute mesure positive μ à support compact.

Supposons maintenant que $\mathbf{f}(T)$ soit une partie *bornée* de F. Alors, pour toute mesure positive *bornée* μ sur T, $\mathbf{f}$ est scalairement μ-intégrable et on a $\int \mathbf{f} d\mu \in F$ (no 2, prop. 8). Si λ est une mesure réelle bornée quelconque sur T, λ^+ et λ^- sont bornées, et on voit aussitôt que $\lambda \to \int \mathbf{f} d\lambda$ définie comme ci-dessus est une application *linéaire* de l'espace $\mathcal{M}^1(T)$ des mesures *bornées* sur T, dans l'espace localement convexe F, qui prolonge évidemment l'application $\lambda \rightarrow \int \mathbf{f} d\lambda$ de $\mathcal{C}'(T)$ dans F.

Proposition 15. — *Soient* T *un espace localement compact,* F *un espace localement convexe séparé et quasi-complet,* $\mathbf{f}$ *une application continue de* T *dans* F *telle que* $\mathbf{f}(T)$ *soit borné. Si on munit l'espace* $\mathcal{M}^1(T)$ *de sa topologie d'espace de Banach, l'application linéaire* $\lambda \rightarrow \int \mathbf{f} d\lambda$ *de* $\mathcal{M}^1(T)$ *dans* F *est continue.*

En effet, pour tout voisinage convexe équilibré fermé V de 0 dans F, il existe $\rho > 0$ tel que $\mathbf{f}(T) \subset \rho V$; l'enveloppe convexe fermée B de $\mathbf{f}(T)$ est donc contenue dans ρV, et elle est complète par hypothèse. Si alors $\|\lambda\| \leqslant 1/\rho$ il résulte du nº 2, prop. 8, et de la relation $\|\lambda\| = \lambda^+(T) + \lambda^-(T)$, que l'on a $\int \mathbf{f} d\lambda \in B/\rho \subset V$.

7. *Applications : II. Extension à un espace de mesures d'une fonction continue à valeurs dans un espace d'opérateurs.*

Soient G un espace localement convexe séparé, H un espace localement convexe séparé et quasi-complet, et désignons par F l'espace $\mathcal{L}(G; H)$ des applications linéaires continues de G dans H, muni de la topologie de la *convergence compacte*. L'espace F n'est pas nécessairement quasi-complet, et si $t \rightarrow U(t)$ est une application continue de T dans F et μ une mesure positive sur T, à support compact, on n'a pas nécessairement $\int U d\mu \in F$ (exerc. 27). Toutefois, si pour toute partie compacte K de T, $U(K)$ est *équicontinu*, son enveloppe convexe équilibrée dans F est aussi équicontinue (*Esp. vect. top.*, chap. III, § 3, nº 5), et comme H est quasi-complet, l'adhérence de cette enveloppe convexe sera une partie complète de F (*Esp. vect. top.*, chap. III, § 3, nº 7, th. 4) ; on aura donc bien alors $\int U d\mu \in F$ (nº 2, prop. 8).

La condition supplémentaire imposée à U peut s'exprimer autrement :

Lemme 3. — *Soient* G, H *deux espaces localement convexes, U une application d'un espace localement compact* T *dans* $\mathcal{L}(G\,;H)$. *Les conditions suivantes sont équivalentes :*

a) *L'application* $(t, \mathbf{x}) \to U(t).\mathbf{x}$ *de* $T \times G$ *dans* H *est continue.*

b) *Pour toute partie compacte* K *de* T, $U(K)$ *est équicontinu, et il existe un ensemble total* $D \subset G$ *tel que pour tout* $\mathbf{x} \in D$, *l'application* $t \to U(t).\mathbf{x}$ *soit continue dans* T.

De plus, lorsque U vérifie ces conditions, U est une application continue de T *dans* $\mathcal{L}(G\,;H)$ *muni de la topologie de la convergence compacte.*

Pour voir que *a*) entraîne *b*), observons que pour tout voisinage V de 0 dans H et tout $t \in K$, il existe par hypothèse un voisinage L_t de t dans T et un voisinage W_t de 0 dans G tels que les relations $t' \in L_t$ et $\mathbf{x} \in W_t$ entraînent $U(t').\mathbf{x} \in V$. Il suffit de recouvrir K par un nombre fini de voisinages L_{t_i} et de prendre $W = \bigcap_i W_{t_i}$ pour avoir $U(t).\mathbf{x} \in V$ lorsque $t \in K$ et $\mathbf{x} \in W$, ce qui démontre l'équicontinuité de $U(K)$.

Inversement, supposons vérifié *b*) ; il suffit de montrer que pour toute partie compacte K de T, l'application $(t, \mathbf{x}) \to U(t).\mathbf{x}$ est continue dans $K \times G$. Soit $M = U(K)$; comme M est équicontinu, il en résulte que sur M, la topologie de la convergence simple dans G est identique à la topologie de la convergence simple dans D (*Top. gén.*, chap. X, 2ᵉ éd., § 2, nᵒ 4, th. 1) ; l'hypothèse *b*) entraîne donc que $t \to U(t)$ est une application continue de K dans $\mathcal{L}(G\,;H)$ lorsqu'on munit $\mathcal{L}(G\,;H)$ de la topologie de la convergence simple. D'autre part, $(A, \mathbf{x}) \to A.\mathbf{x}$ est une application continue de $M \times G$ dans H lorsqu'on munit M de la topologie de la convergence simple (*Top. gén.*, chap. X, 2ᵉ éd., § 2, nᵒ 2, cor. 4 de la prop. 1). Comme l'application $(t, \mathbf{x}) \to U(t).\mathbf{x}$ se factorise en $(t, \mathbf{x}) \to (U(t), \mathbf{x}) \to U(t).\mathbf{x}$, on en conclut qu'elle est continue.

Enfin, la dernière assertion du lemme résulte de ce que, sur M, la topologie de la convergence compacte est identique à celle de la convergence simple (*Top. gén.*, chap. X, 2ᵉ éd., § 2, nᵒ 4, th. 1).

Supposons donc que U vérifie les conditions du lemme 3 ; alors (si H est quasi-complet), on définit comme au n° 6 une application linéaire $\lambda \to \int U d\lambda$ de $\mathcal{C}'(\mathrm{T})$ dans $\mathrm{F} = \mathcal{L}(\mathrm{G}, \mathrm{H})$. Nous poserons $U(\lambda) = \int U d\lambda$.

Proposition 16. — *Soient* G, H *deux espaces localement convexes séparés,* H *étant supposé quasi-complet. Soit U une application de* T *dans* $\mathcal{L}(\mathrm{G}\,;\,\mathrm{H})$ *telle que* $(t, \mathbf{x}) \to U(t).\mathbf{x}$ *soit une application continue de* $\mathrm{T} \times \mathrm{G}$ *dans* H. *Alors l'application bilinéaire* $(\lambda, \mathbf{x}) \to U(\lambda).\mathbf{x}$ *de* $\mathcal{C}'(\mathrm{T}) \times \mathrm{G}$ *dans* H *est hypocontinue relativement aux parties équicontinues de* $\mathcal{C}'(\mathrm{T})$ *et aux parties compactes de* G *(ce qui entraîne que l'application linéaire* $\lambda \to U(\lambda)$ *de* $\mathcal{C}'(\mathrm{T})$ *dans* F *est continue).*

La continuité de $\lambda \to U(\lambda)$ comme application de $\mathcal{C}'(\mathrm{T})$ dans F résulte du lemme 3 et de la *Remarque* 2 suivant la prop. 14 du n° 6. Reste donc à prouver que pour tout voisinage convexe, équilibré et fermé V de 0 dans H et toute partie équicontinue N de $\mathcal{C}'(\mathrm{T})$, il existe un voisinage W de 0 dans G tel que les relations $\mathbf{x} \in \mathrm{W}$, $\lambda \in \mathrm{N}$ entraînent $U(\lambda).\mathbf{x} \in \mathrm{V}$. On peut supposer que $\mathrm{N} = \mathrm{S}^0$, où S est un voisinage de 0 dans $\mathcal{C}(\mathrm{T})$, et par suite on peut supposer que S est l'ensemble des fonctions $g \in \mathcal{C}(\mathrm{T})$ telles que $|g(t)| \leqslant 1$ dans une partie compacte K de T. Il suffit de montrer que $|\langle U(\lambda).\mathbf{x}, \mathbf{x}'\rangle| \leqslant 1$ pour $\mathbf{x} \in \mathrm{W}$, $\mathbf{x}' \in \mathrm{V}^0$ et $\lambda \in \mathrm{S}^0$. Or, comme $U(\mathrm{K})$ est équicontinu, il existe un voisinage W de 0 dans G tel que les relations $t \in \mathrm{K}$, $\mathbf{x} \in \mathrm{W}$ entraînent $U(t).\mathbf{x} \in \mathrm{V}$; les relations $\mathbf{x} \in \mathrm{W}$, $\mathbf{x}' \in \mathrm{V}^0$ entraînent donc que la fonction $t \to \langle U(t).\mathbf{x}, \mathbf{x}'\rangle$ appartient à S, et par suite, que $|\langle U(\lambda).\mathbf{x}, \mathbf{x}'\rangle| = \left|\int \langle U(t).\mathbf{x}, \mathbf{x}'\rangle\, d\lambda(t)\right| \leqslant 1$ par définition de S^0.

Supposons maintenant que U soit une application continue de T dans F et en outre que $U(\mathrm{T})$ soit *équicontinu.* Alors, le même raisonnement que ci-dessus montre (puisque H est quasi-complet) que pour toute mesure positive *bornée* μ sur T, on a $\int U d\mu \in \mathrm{F}$. On définit donc comme plus haut une application linéaire

$\lambda \to \int U d\lambda = U(\lambda)$ de $\mathcal{M}^1(\mathrm{T})$ dans F prolongeant l'application analogue de $\mathcal{C}'(\mathrm{T})$ dans F. En outre, pour tout voisinage convexe équilibré fermé V de 0 dans H, il existe par hypothèse un voisinage W de 0 dans G tel que pour tout $\mathbf{x} \in \mathrm{W}$ et tout $t \in \mathrm{T}$, on ait $U(t).\mathbf{x} \in \mathrm{V}$, et par suite (V étant faiblement fermé) $\int (U(t).\mathbf{x})d\lambda(t) \in \|\lambda\|.\mathrm{V}$ (n° 2, prop. 5). Autrement dit :

PROPOSITION 17. — *Soient* G, H, *deux espaces localement convexes séparés*, H *étant supposé quasi-complet. Soit U une application de* T *dans* $\mathcal{L}(\mathrm{G}\,;\mathrm{H})$ *telle que* $(t, \mathbf{x}) \to U(t).\mathbf{x}$ *soit continue dans* $\mathrm{T} \times \mathrm{G}$, *et que* $U(\mathrm{T})$ *soit équicontinu. Alors si on munit* $\mathcal{M}^1(\mathrm{T})$ *de sa topologie d'espace de Banach, l'application bilinéaire* $(\lambda, \mathbf{x}) \to U(\lambda).\mathbf{x}$ *de* $\mathcal{M}^1(\mathrm{T}) \times \mathrm{G}$ *dans* H *est continue (ce qui entraîne en particulier que l'application linéaire* $\lambda \to U(\lambda)$ *de* $\mathcal{M}^1(\mathrm{T})$ *dans* $\mathcal{L}(\mathrm{G}\,;\mathrm{H})$ *est continue lorsqu'on munit* $\mathcal{L}(\mathrm{G}, \mathrm{H})$ *de la topologie de la convergence bornée).*

PROPOSITION 18. — *Soient* G_1, G_2, H_1, H_2 *quatre espaces localement convexes séparés*, H_1 *et* H_2 *étant supposés quasi-complets. Soient* $A : \mathrm{G}_1 \to \mathrm{G}_2$ *et* $B : \mathrm{H}_1 \to \mathrm{H}_2$ *deux applications linéaires continues. Soient* $U_1 : \mathrm{T} \to \mathcal{L}(\mathrm{G}_1\,;\mathrm{H}_1)$, $U_2 : \mathrm{T} \to \mathcal{L}(\mathrm{G}_2\,;\mathrm{H}_2)$ *deux applications vérifiant les conditions de la prop.* 16 *(resp.* 17), *et supposons que pour tout* $t \in \mathrm{T}$ *on ait* $B \circ U_1(t) = U_2(t) \circ A$. *Alors, pour toute mesure à support compact* (resp. *bornée*) λ *sur* T, *on a* $B \circ U_1(\lambda) = U_2(\lambda) \circ A$.

En effet, pour tout $\mathbf{x} \in \mathrm{G}$, on a (n° 1, prop. 1)

$$(B \circ U_1(\lambda)).\mathbf{x} = \int ((B \circ U_1(t)).\mathbf{x})d\lambda(t)$$
$$= \int ((U_2(t) \circ A).\mathbf{x})d\lambda(t) = U_2(\lambda).(A.\mathbf{x}).$$

Remarques. — 1) Supposons que G et H soient des *espaces de Banach*, et soit U une application de T dans $\mathcal{L}(\mathrm{G}\,;\mathrm{H})$ telle que $(t, \mathbf{x}) \to U(t).\mathbf{x}$ soit continue dans $\mathrm{T} \times \mathrm{G}$. Notons que cela entraîne que la fonction finie $t \to \|U(t)\|$ est bornée dans toute partie compacte de T et *semi-continue inférieurement* dans T, étant l'enveloppe supérieure des fonctions continues $t \to |U(t).\mathbf{x}|$ lorsque $\mathbf{x}$

parcourt la boule $|\mathbf{x}| \leqslant 1$ dans G. Posons $h(t) = \|U(t)\|$. Alors, pour toute mesure positive μ sur T telle que h soit μ-intégrable, on a encore $\int U d\mu \in \mathcal{L}(G\,;\,H)$. En effet, la mesure $\nu = h.\mu$ est bornée par hypothèse ; il existe donc une partition de T formée d'un ensemble ν-négligeable N et d'une suite (K_n) de parties compactes. Le raisonnement fait au début de ce n°, appliqué à la mesure $\varphi_{K_n}.\mu$ montre que $A_n = \int \varphi_{K_n} U d\mu \in F = \mathcal{L}(G\,;\,H)$, et en outre (n° 2, prop. 6) $\|A_n\| \leqslant \int \varphi_{K_n} \|U\|\, d\mu \leqslant \nu(K_n)$. La série de terme général A_n est donc absolument convergente dans l'espace de Banach $\mathcal{L}(G\,;\,H)$, et il est immédiat que sa somme est $\int U d\mu$ et que l'on a $\left\|\int U d\mu\right\| \leqslant \int \|U\|\, d\mu$.

2) Supposons que G = H soit quasi-complet, et que U vérifie les hypothèses de la prop. 16. Soient M une partie *partout dense* de l'espace $\mathcal{C}'(T)$, pour la topologie faible $\sigma(\mathcal{C}'(T), \mathcal{C}(T))$, et soit X un sous-espace vectoriel fermé de H tel que $U(\lambda)(X) \subset X$ pour toute mesure $\lambda \in M$. Alors on a aussi $U(t)(X) \subset X$ pour tout $t \in T$: en effet pour tout $\mathbf{x} \in X$ et tout $\mathbf{x}' \in H'$ orthogonal à X, on a par hypothèse $\langle U(\lambda).\mathbf{x}, \mathbf{x}'\rangle = 0$ pour tout $\lambda \in M$, ce qui s'écrit $\int \langle U(t).\mathbf{x}, \mathbf{x}'\rangle\, d\lambda(t) = 0$. La fonction continue $t \to \langle U(t).\mathbf{x}, \mathbf{x}'\rangle$, étant orthogonale à M, est donc 0, ce qui donne $\langle U(t).\mathbf{x}, \mathbf{x}'\rangle = 0$ pour tout $\mathbf{x}' \in X^0$, d'où $U(t).\mathbf{x} \in X$ pour tout $t \in T$ et tout $\mathbf{x} \in X$, et cela démontre notre assertion.

§ 2. Mesures vectorielles

1. *Définition d'une mesure vectorielle.*

La définition d'une mesure donnée au chap. III, § 2, n° 2 se généralise comme suit :

DÉFINITION 1. — *Soit* F *un espace localement convexe séparé sur* **R**. *On appelle mesure vectorielle sur* T *à valeurs dans* F *toute application linéaire continue de l'espace* $\mathcal{K}(T)$ *dans* F.

La déf. 1 peut encore s'exprimer de la façon suivante : une mesure vectorielle sur T à valeurs dans F est une application linéaire $\mathbf{m}$ de $\mathcal{K}(T)$ dans F telle que, pour toute partie compacte K de T, la restriction de $\mathbf{m}$ à $\mathcal{K}(T, K)$ soit continue pour la topologie de la convergence uniforme. Si $f \in \mathcal{K}(T)$, on écrit encore $\int f d\mathbf{m}$ ou $\int f(t) d\mathbf{m}(t)$ au lieu de $\mathbf{m}(f)$. Les mesures à valeurs dans **R** (c'est-à-dire les mesures définies au chap. III, § 2, n° 2) sont parfois appelées mesures *réelles* ou mesures *scalaires* sur T.

Exemples. — 1) L'application identique de $\mathcal{K}(T)$ est une mesure vectorielle sur T à valeurs dans $\mathcal{K}(T)$.

2) *Soient H un espace hilbertien complexe, $\mathcal{L}(H)$ l'algèbre normée des endomorphismes continus de H. Soit A une sous-algèbre de $\mathcal{L}(H)$, commutative, fermée, autoadjointe et contenant l'identité ; on démontre qu'il existe un espace compact X et un isomorphisme de l'algèbre normée A sur l'algèbre $\mathcal{K}_{\mathbf{C}}(X)$ des fonctions complexes continues dans X, munie de la norme $\|f\| = \sup_{x \in X} |f(x)|$. L'isomorphisme réciproque, restreint à $\mathcal{K}(X)$, est une mesure $\mathbf{m}$ sur X, à valeurs dans $\mathcal{L}(H)$, telle que $\mathbf{m}(fg) = \mathbf{m}(f)\mathbf{m}(g)$.*

Remarques. — 1) Pour qu'une application linéaire $\mathbf{m}$ de $\mathcal{K}(T)$ dans F soit une mesure vectorielle, il faut et il suffit que, pour toute partie compacte K de T, l'image par $\mathbf{m}$ de la boule unité $\|f\| \leqslant 1$ de $\mathcal{K}(T, K)$ soit *bornée* dans F. La notion de mesure vectorielle à valeurs dans F est donc la même pour toutes les topologies localement convexes séparées sur F admettant les mêmes ensembles bornés, et en particulier pour toutes les topologies compatibles avec la dualité entre F et F' (*Esp. vect. top.*, chap. IV, § 2, n° 4, th. 3).

2) Soient T_1 un espace localement compact, F_1 un espace localement convexe séparé sur **R**, u une application linéaire conti-

nue de $\mathcal{K}(T_1)$ dans $\mathcal{K}(T)$, v une application linéaire continue de F dans F_1. Si $\mathbf{m}$ est une mesure vectorielle sur T à valeurs dans F, $v \circ \mathbf{m} \circ u$ est une mesure vectorielle sur T_1 à valeurs dans F_1. En particulier, si g est une fonction numérique finie et continue dans T, $f \rightarrow \mathbf{m}(gf)$ est une mesure vectorielle sur T à valeurs dans F, que l'on note $g.\mathbf{m}$; si h est une seconde fonction numérique finie et continue dans T, on a $g.(h.\mathbf{m}) = (gh).\mathbf{m}$.

3) Comme l'espace $\mathcal{K}(T)$ est limite inductive des espaces de Banach $\mathcal{K}(T, K)$, et en particulier est tonnelé (*Esp. vect. top.*, chap. III, § 1, n° 1, cor. de la prop. 1 et n° 2, prop. 2), pour qu'une application linéaire $\mathbf{m}$ de $\mathcal{K}(T)$ dans F soit une mesure vectorielle, il faut et il suffit que, pour tout $\mathbf{z}' \in F'$, $\mathbf{z}' \circ \mathbf{m}$ soit une mesure scalaire sur T (*Esp. vect. top.*, chap. IV, § 4, n° 1, prop. 1 et n° 2, cor. de la prop. 7).

4) Compte tenu de la remarque 1, la prop. 1 du chap. III, § 3, n° 1 et sa démonstration sont encore valables pour les mesures vectorielles. On peut donc encore définir le *support* d'une mesure vectorielle $\mathbf{m}$ sur T comme le complémentaire du plus grand ensemble ouvert $U \subset T$ tel que la restriction de $\mathbf{m}$ à U soit nulle.

2. *Intégration par rapport à une mesure vectorielle.*

Soit $\mathbf{m}$ une mesure vectorielle sur T, à valeurs dans F. Pour tout $\mathbf{z}' \in F'$, l'application $\mathbf{z}' \circ \mathbf{m}$ est une mesure scalaire sur T, dépendant linéairement de $\mathbf{z}'$. Si f est une fonction numérique définie dans T, nous dirons, par abus de langage, que le couple $(f, \mathbf{m})$ possède une propriété ***P*** si, pour tout $\mathbf{z}' \in F'$, le couple $(f, |\mathbf{z}' \circ \mathbf{m}|)$ possède la propriété ***P***. Par exemple, on dira que f est *essentiellement intégrable pour* $\mathbf{m}$ si, pour tout $\mathbf{z}' \in F'$, la fonction f est essentiellement intégrable pour $|\mathbf{z}' \circ \mathbf{m}|$. Il revient au même de dire que f est essentiellement intégrable pour chacune des mesures $(\mathbf{z}' \circ \mathbf{m})^+$ et $(\mathbf{z}' \circ \mathbf{m})^-$ (chap. V, § 3, n° 5, cor. 1 de la prop. 6).

Proposition 1. — *Soient* $\mathbf{m}$ *une mesure vectorielle sur* T *à valeurs dans* F, f *une fonction numérique sur* T, *essentiellement intégrable pour* $\mathbf{m}$. *L'application*

$$\mathbf{z}' \rightarrow \int f d(\mathbf{z}' \circ \mathbf{m})^+ - \int f d(\mathbf{z}' \circ \mathbf{m})^-$$

est une forme linéaire sur F'.

Si on désigne cette application par Φ, il est immédiat que $\Phi(\lambda \mathbf{z}') = \lambda\Phi(\mathbf{z}')$ pour tout $\lambda \in \mathbf{R}$. Tout revient à voir que $\Phi(\mathbf{y}' + \mathbf{z}') = \Phi(\mathbf{y}') + \Phi(\mathbf{z}')$. Posons $\mu = |\mathbf{y}' \circ \mathbf{m}| + |\mathbf{z}' \circ \mathbf{m}|$; en vertu du th. de Lebesgue-Nikodym, on peut alors écrire $\mathbf{y}' \circ \mathbf{m} = g.\mu$ et $\mathbf{z}' \circ \mathbf{m} = h.\mu$, où g et h sont deux fonctions numériques localement μ-intégrables et bornées (chap. V, § 5, nº 5, th. 2) ; en outre, on a $(\mathbf{y}' \circ \mathbf{m})^+ = g^+.\mu$ et $(\mathbf{y}' \circ \mathbf{m})^- = g^-.\mu$, et les relations analogues lorsque $\mathbf{y}'$ est remplacé par $\mathbf{z}'$ (resp. $\mathbf{y}' + \mathbf{z}'$) et g par h (resp. $g + h$). Cela étant, il est immédiat que f est essentiellement μ-intégrable (chap. V, § 3, nº 5, cor. 1 de la prop. 6), et la relation à démontrer se réduit à $(g + h)^+ - (g + h)^- = (g^+ - g^-) + (h^+ - h^-)$, qui est évidente.

Définition 2. — *Soient* $\mathbf{m}$ *une mesure vectorielle sur* T *à valeurs dans* F, f *une fonction numérique sur* T, *essentiellement intégrable pour* $\mathbf{m}$. *On appelle intégrale de* f *par rapport à* $\mathbf{m}$ *et on note* $\mathbf{m}(f)$ *ou* $\int f d\mathbf{m}$ *ou encore* $\int f(t) d\mathbf{m}(t)$ *l'élément de* F'^* *défini par*

$$\left\langle \mathbf{z}', \int f d\mathbf{m} \right\rangle = \int f d(\mathbf{z}' \circ \mathbf{m})^+ - \int f d(\mathbf{z}' \circ \mathbf{m})^-. \tag{1}$$

Remarquons que si $f \in \mathcal{K}(T)$, l'élément $\int f d\mathbf{m}$ ainsi défini coïncide avec l'élément noté de même au nº 1, car le second membre de (1) est alors $\int f d(\mathbf{z}' \circ \mathbf{m}) = \mathbf{z}'(\mathbf{m}(f))$ par définition. En outre, si on applique en particulier la déf. 2 au cas où $F = \mathbf{R}$, on voit que pour tout $\mathbf{z}' \in F'$, f est essentiellement intégrable pour la mesure réelle $\mathbf{z}' \circ \mathbf{m}$, et que le second membre de (1) peut s'écrire $\int f d(\mathbf{z}' \circ \mathbf{m})$.

Supposons f essentiellement intégrable pour $\mathbf{m}$, et soit $\mathbf{z}' \in F'$. Posons $\mu = |\mathbf{z}' \circ \mathbf{m}|$; en vertu du th. de Lebesgue-Nikodym, on peut écrire $\mathbf{z}' \circ \mathbf{m} = g.\mu$, où g est localement μ-intégrable et $\|g\| \leqslant 1$, et la démonstration de la prop. 1 montre que $\int f d(\mathbf{z}' \circ \mathbf{m}) = \int f g d\mu$. On a par suite

$$\left| \int f d(\mathbf{z}' \circ \mathbf{m}) \right| \leqslant \int |f| d|\mathbf{z}' \circ \mathbf{m}|. \tag{2}$$

Il est clair que l'ensemble des fonctions numériques finies essentiellement intégrables pour $\mathbf{m}$ est un espace vectoriel sur $\mathbf{R}$; nous désignerons par $\mathcal{L}(\mathbf{m})$ cet espace muni de la topologie localement convexe la moins fine rendant continues toutes les formes linéaires $f \to \int f d(\mathbf{z}' \circ \mathbf{m})$, où $\mathbf{z}'$ parcourt F'. On notera qu'en général l'espace localement convexe $\mathcal{L}(\mathbf{m})$ est *non séparé.*

Exemple. — Prenons pour $\mathbf{m}$ l'application identique de $\mathcal{K}(T)$ sur lui-même. Comme le dual de $\mathcal{K}(T)$ est l'espace $\mathcal{M}(T)$ des mesures scalaires sur T, les fonctions $f \in \mathcal{L}(\mathbf{m})$ sont celles qui sont essentiellement intégrables pour *toute* mesure scalaire μ (cf. exerc. 1), et l'intégrale $\int f d\mathbf{m}$ est la forme linéaire $\mu \to \int f d\mu$ sur $\mathcal{M}(T)$. On ne peut avoir $\int f d\mu = 0$ pour toute mesure $\mu \in \mathcal{M}(T)$ que si $f = 0$, comme on le voit en prenant $\mu = \varepsilon_t$, où t est arbitraire dans T ; autrement dit l'application $f \to \int f d\mathbf{m}$ est une *injection* de $\mathcal{L}(\mathbf{m})$ dans le dual algébrique de $\mathcal{M}(T)$, qui prolonge l'application identique de $\mathcal{K}(T)$. La relation $\int f d\mathbf{m} \in F = \mathcal{K}(T)$ est donc équivalente à $f \in \mathcal{K}(T)$.

Soit u une application linéaire continue de F dans un espace localement convexe séparé G, et notons encore u son prolongement par bitransposition en une application linéaire de F'^* dans G'^* (§ 1, n° 1). Avec cette convention :

PROPOSITION 2. — *Toute fonction numérique f essentiellement intégrable pour* $\mathbf{m}$ *est essentiellement intégrable pour* $u \circ \mathbf{m}$, *et on a* $\int f d(u \circ \mathbf{m}) = u\left(\int f d\mathbf{m}\right)$.

La proposition est évidente, compte tenu de l'égalité $\mathbf{y}' \circ u \circ \mathbf{m} = {}^t u(\mathbf{y}') \circ \mathbf{m}$ pour tout $\mathbf{y}' \in G'$.

En général, si $f \in \mathcal{L}(\mathbf{m})$, l'intégrale $\int f d\mathbf{m}$ appartient à F'^* mais non à F (voir *Exemple* ci-dessus). Cependant :

Proposition 3. — *Si l'image par* $\mathbf{m}$ *de l'ensemble des* $f \in \mathcal{K}(T)$ *telles que* $\sup_{t \in T} |f(t)| \leqslant 1$ *est faiblement relativement compacte dans* F, *alors on a* $\int f d\mathbf{m} \in F$ *pour toute fonction numérique bornée* f *essentiellement intégrable pour* $\mathbf{m}$.

Soit A l'ensemble des $f \in \mathcal{L}(\mathbf{m})$ telles que $\sup_{t \in T} |f(t)| \leqslant 1$, et soit $B = A \cap \mathcal{K}(T)$: par hypothèse, $\mathbf{m}(B)$ est faiblement relativement compact dans F, et il suffit donc de montrer que $\mathbf{m}(A)$ est contenu dans l'adhérence (dans F'^*) de $\mathbf{m}(B)$ pour la topologie $\sigma(F'^*, F')$; comme $\mathbf{m}(B)$ est convexe et équilibré, il suffit de prouver que le polaire de $\mathbf{m}(B)$ dans F' est contenu dans celui de $\mathbf{m}(A)$ (*Esp. vect. top.*, chap. IV, § 1, n° 3, prop. 3). Or, pour qu'une forme linéaire $\mathbf{z}' \in F'$ appartienne à $(\mathbf{m}(B))^0$, il faut et il suffit que $|\langle \mathbf{z}', \mathbf{m}(g) \rangle| = \left| \int g d(\mathbf{z}' \circ \mathbf{m}) \right| \leqslant 1$ pour toute fonction $g \in B$, ce qui signifie que la mesure scalaire $|\mathbf{z}' \circ \mathbf{m}|$ est bornée et de norme $\leqslant 1$ (chap. III, § 2, n° 6, prop. 3) ; mais d'après (2) cette dernière condition entraîne $|\langle \mathbf{z}', \mathbf{m}(f) \rangle| \leqslant 1$ pour toute fonction $f \in A$, d'où $\mathbf{z}' \in (\mathbf{m}(A))^0$.

Corollaire 1. — *Si, pour toute partie compacte* K *de* T, *l'image par* $\mathbf{m}$ *de l'ensemble des* $f \in \mathcal{K}(T, K)$ *telles que* $\sup_{t \in T} |f(t)| \leqslant 1$ *est relativement faiblement compacte dans* F, *alors on a* $\int f d\mathbf{m} \in F$ *pour toute fonction* $f \in \mathcal{L}(\mathbf{m})$ *bornée et à support compact, et* $\int f d\mathbf{m} \in F''$ *pour toute fonction* $f \in \mathcal{L}(\mathbf{m})$.

La première assertion se déduit immédiatement de la prop. 3 : si f est bornée et à support compact, et si U est un voisinage ouvert relativement compact du support de f, la restriction de $\mathbf{m}$ au sous-espace $\mathcal{K}(U)$ est une mesure $\mathbf{m}_U$ sur U qui vérifie les conditions de la prop. 3, et on a $\int f d\mathbf{m}_U = \int f d\mathbf{m}$ (chap. V, § 7, n° 1, th. 1), donc $\int f d\mathbf{m} \in F$.

Soit maintenant f quelconque dans $\mathcal{L}(\mathbf{m})$; pour toute partie compacte K de T et tout entier $n > 0$, soit $f_{n,K}$ la fonction numérique sur T définie comme suit : si $t \notin K$, $f_{n,K}(t) = 0$; si $t \in K$ et $|f(t)| \leqslant n$, $f_{n,K}(t) = f(t)$; enfin, si $t \in K$ et $|f(t)| > n$, $f_{n,K}(t) = nf(t)/|f(t)|$. Il est clair que pour tout $t \in T$, $f(t)$ est limite de $f_{n,K}(t)$ suivant le filtre produit du filtre de Fréchet par le filtre des sections de l'ensemble ordonné (filtrant croissant) des parties compactes de T. Comme $|f_{n,K}| \leqslant |f|$, il résulte du th. de Lebesgue et de la prop. 8 du chap. V, § 2, n° 2, appliqués à chaque mesure scalaire $|\mathbf{z}' \circ \mathbf{m}|$, que $f_{n,K}$ converge vers f dans $\mathcal{L}(\mathbf{m})$ suivant le filtre précédent. Par suite, l'intégrale $\int f d\mathbf{m}$ est adhérente dans F'^* (pour la topologie $\sigma(F'^*, F')$) à l'ensemble M des $\mathbf{m}(f_{n,K})$. Mais la première partie du corollaire montre que $M \subset F$, et d'autre part, pour tout $\mathbf{z}' \in F'$, on a $|\langle \mathbf{z}', \mathbf{m}(f_{n,K})\rangle| \leqslant \int |f|\, d\,|\mathbf{z}' \circ \mathbf{m}|$, ce qui montre que M est borné dans F_σ, et par suite dans F (*Esp. vect. top.*, chap. IV, § 2, n° 4, th. 3). Le lemme 1 du § 1, n° 2 montre donc que $\int f d\mathbf{m} \in F''$.

COROLLAIRE 2. — *Si* F *est semi-réflexif, on a* $\int f d\mathbf{m} \in F$ *pour toute fonction numérique* f *essentiellement intégrable pour* $\mathbf{m}$.

3. Mesures vectorielles majorables.

Soit q une semi-norme semi-continue inférieurement sur F. Nous désignerons par A'_q l'ensemble des $\mathbf{z}' \in F'$ tels que $|\langle \mathbf{z}', \mathbf{x}\rangle| \leqslant q(\mathbf{x})$ pour tout $\mathbf{x} \in F$. C'est le polaire dans F' de l'ensemble des $\mathbf{x} \in F$ tels que $q(\mathbf{x}) \leqslant 1$; pour tout $\mathbf{x} \in F$, on a $q(\mathbf{x}) = \sup_{\mathbf{z}' \in A'_q} |\langle \mathbf{x}, \mathbf{z}'\rangle|$.

DÉFINITION 3. — *Soit* $\mathbf{m}$ *une mesure vectorielle sur* T *à valeurs dans* F. *Si* q *est une semi-norme semi-continue inférieurement sur* F, *on dit que* $\mathbf{m}$ *est* q*-majorable s'il existe une mesure positive* μ *telle que* $|\mathbf{z}' \circ \mathbf{m}| \leqslant \mu$ *pour tout* $\mathbf{z}' \in A'_q$; *la borne supérieure des mesures*

$|\mathbf{z}' \circ \mathbf{m}|$ *lorsque* $\mathbf{z}'$ *parcourt* A'_q (chap. III, § 2, n° 4, th. 3) *se note alors* $q(\mathbf{m})$. *On dit que* $\mathbf{m}$ *est majorable si elle est* q*-majorable pour toute semi-norme* q *continue sur* F.

Si $\mathbf{m}$ et $\mathbf{m}'$ sont toutes deux q-majorables, il est immédiat que $\mathbf{m} + \mathbf{m}'$ est aussi q-majorable et que l'on a

$$q(\mathbf{m} + \mathbf{m}') \leqslant q(\mathbf{m}) + q(\mathbf{m}').$$

Lorsque F est un espace normé, dont la norme est notée $|\mathbf{x}|$, dire que $\mathbf{m}$ est majorable signifie donc que les mesures $|\mathbf{z}' \circ \mathbf{m}|$, où $|\mathbf{z}'| \leqslant 1$, sont majorées par une même mesure positive ; on note alors $|\mathbf{m}|$ la borne supérieure de cette famille de mesures.

Si $F = \mathbf{R}$, la mesure $|m|$, correspondant à la norme euclidienne $|x|$ sur $\mathbf{R}$, coïncide avec la mesure notée $|m|$ au chap. III, § 2, n° 4.

Proposition 4. — *Soient* $(F_i)_{1 \leqslant i \leqslant n}$ *une famille finie d'espaces localement convexes séparés,* $F = \prod_{i=1}^{n} F_i$ *leur produit,* q_i $(1 \leqslant i \leqslant n)$ *une semi-norme semi-continue inférieurement sur* F_i, q *la semi-norme sur* F *définie par* $q(\mathbf{x}_1, \ldots, \mathbf{x}_n) = \sum_{i=1}^{n} q_i(\mathbf{x}_i)$. *Si* $\mathbf{m}_i$ $(1 \leqslant i \leqslant n)$ *est une mesure vectorielle sur* T *à valeurs dans* F_i *et* q_i*-majorable, la mesure* $\mathbf{m} = (\mathbf{m}_1, \ldots, \mathbf{m}_n)$ *à valeurs dans* F *est* q*-majorable.*

En effet, le dual F' s'identifie à $\prod_{i=1}^{n} F'_i$, de façon que si $\mathbf{x} = (\mathbf{x}_i) \in F$, $\mathbf{z}' = (\mathbf{z}'_i) \in F'$, on ait $\langle \mathbf{x}, \mathbf{z}' \rangle = \sum_{i=1}^{n} \langle \mathbf{x}_i, \mathbf{z}'_i \rangle$. Si $|\langle \mathbf{x}, \mathbf{z}' \rangle| \leqslant q(\mathbf{x})$ pour tout $\mathbf{x} \in F$, on a en particulier $|\langle \mathbf{x}_i, \mathbf{z}'_i \rangle| \leqslant q_i(\mathbf{x}_i)$ pour $1 \leqslant i \leqslant n$, et la réciproque est évidente, ce qui montre que l'ensemble A'_q est le produit des A'_{q_i}. Comme par hypothèse on a $|\mathbf{z}'_i \circ \mathbf{m}_i| \leqslant q_i(\mathbf{m}_i)$ pour $\mathbf{z}'_i \in A'_{q_i}$, on en conclut que

$$|\mathbf{z}' \circ \mathbf{m}| \leqslant \sum_{i=1}^{n} |\mathbf{z}'_i \circ \mathbf{m}_i| \leqslant \sum_{i=1}^{n} q_i(\mathbf{m}_i)$$

pour tout $\mathbf{z}' \in A'_q$, ce qui démontre la proposition.

COROLLAIRE. — *Si l'espace* F *est de dimension finie, toute mesure vectorielle* $\mathbf{m}$ *à valeurs dans* F *est majorable. Pour qu'une fonction numérique soit essentiellement intégrable pour* $\mathbf{m}$, *il faut et il suffit qu'elle soit essentiellement intégrable pour* $|\mathbf{m}|$ ($|\mathbf{x}|$ *désignant une norme quelconque sur* F).

PROPOSITION 5. — *Soit* q *une semi-norme semi-continue inférieurement sur* F. *Soit* $\mathbf{m}$ *une mesure* q*-majorable, et soit* f *une fonction essentiellement intégrable pour* $\mathbf{m}$ *et telle que* $\int f d\mathbf{m} \in$ F. *Alors on a*

$$q\left(\int f d\mathbf{m}\right) \leqslant \overline{\int}^{*} |f| \, dq(\mathbf{m}).$$

En effet, on a

$$q\left(\int f d\mathbf{m}\right) = \sup_{\mathbf{z}' \in A'_q} \left|\left\langle \mathbf{z}', \int f d\mathbf{m} \right\rangle\right| \leqslant \sup_{\mathbf{z}' \in A'_q} \int |f| \, d|\mathbf{z}' \circ \mathbf{m}| \leqslant \overline{\int}^{*} |f| \, dq(\mathbf{m})$$

en vertu de (1) et de la relation $|\mathbf{z}' \circ \mathbf{m}| \leqslant q(\mathbf{m})$ pour $\mathbf{z}' \in A'_q$.

PROPOSITION 6. — *Soient* F *un espace localement convexe séparé quasi-complet,* $\mathbf{m}$ *une mesure majorable sur* T *à valeurs dans* F. *Si* f *est une fonction numérique essentiellement intégrable pour toutes les mesures* $q(\mathbf{m})$ (q *parcourant l'ensemble des semi-normes continues sur* F), *alors* f *est essentiellement intégrable pour* $\mathbf{m}$, *et l'on a* $\int f d\mathbf{m} \in$ F.

Nous utiliserons le résultat auxiliaire suivant. Soit $(\mu_\iota)_{\iota \in I}$ une famille filtrante croissante de mesures positives sur T. Désignons par $\mathcal{L}^1((\mu_\iota)_{\iota \in I})$ l'espace vectoriel des fonctions numériques finies sur T, essentiellement μ_ι-intégrables pour tout $\iota \in I$, muni de la topologie définie par les semi-normes $f \rightarrow \mu_\iota(|f|)$ ($\iota \in I$). Soit $\mathcal{L}_0$ le sous-espace vectoriel de $\mathcal{L}^1((\mu_\iota)_{\iota \in I})$ engendré par les produits $g\varphi_K$ où g parcourt l'ensemble des fonctions numériques finies continues dans T et K l'ensemble des parties compactes de T.

Lemme 1. — *Lorsqu'on munit* $\mathcal{L}_0$ *et* $\mathcal{K}(T)$ *de la topologie induite par celle de* $\mathcal{L}^1((\mu_\iota)_{\iota \in I})$:

a) *tout élément de* $\mathcal{L}_0$ *est adhérent à une partie bornée de* $\mathcal{K}(T)$;

b) *tout élément de* $\mathcal{L}^1((\mu_\iota)_{\iota \in I})$ *est adhérent à une partie bornée de* $\mathcal{L}_0$.

Pour démontrer *a*), on peut se restreindre au cas d'un élément de la forme $f = g\varphi_K$ ($g \in \mathcal{C}(T)$, K compact dans T). Il est immédiat (en vertu du th. d'Urysohn) que f est adhérente à l'ensemble B des fonctions de la forme gh, où h décrit l'ensemble des applications continues de T dans $[0, 1]$, égale à 1 dans K et à 0 dans le complémentaire d'un voisinage compact fixe H de K. De plus, l'ensemble B est borné, car $\mu_\iota(|gh|) \leqslant \mu_\iota(|g\varphi_H|)$ pour toute fonction h ayant les propriétés précédentes.

Démontrons maintenant *b*) : on peut se restreindre au cas d'un élément $f \geqslant 0$ de $\mathcal{L}^1((\mu_\iota)_{\iota \in I})$. Pour tout $\iota \in I$ et tout $\varepsilon > 0$, il existe une partie compacte $K(\iota, \varepsilon)$ de T telle que la restriction de f à $K(\iota, \varepsilon)$ soit continue et que $\mu_\iota(|f - f\varphi_{K(\iota,\varepsilon)}|) \leqslant \varepsilon$. Il est clair que f est adhérente à l'ensemble C des $f\varphi_{K(\iota,\varepsilon)}$ (où $\iota \in I$, $\varepsilon > 0$). En vertu du th. d'Urysohn, l'ensemble C est contenu dans $\mathcal{L}_0$; de plus, il est borné, car on a $\mu_\varkappa(f\varphi_{K(\iota,\varepsilon)}) \leqslant \mu_\varkappa(f)$ quels que soient $\iota \in I$, $\varkappa \in I$ et $\varepsilon > 0$.

Démontrons maintenant la prop. 6 : pour toute fonction $g \in \mathcal{K}(T)$ et toute semi-norme continue q sur F, on a $q\left(\int g d\mathbf{m}\right) \leqslant \int |g|\, d(q(\mathbf{m}))$ (prop. 5), ce qui entraîne que l'application $g \to \int g d\mathbf{m}$ de $\mathcal{K}(T)$ dans F est continue lorsqu'on munit $\mathcal{K}(T)$ de la topologie induite par celle de $\mathcal{L}^1((q(\mathbf{m}))_{q \in Q})$ (Q ensemble des semi-normes continues sur F). Par suite, d'après le lemme précédent, et la prop. 8 de *Esp. vect. top.*, chap. III, § 2, n° 5, cette application se prolonge par continuité, tout d'abord en une application linéaire continue v_0 de $\mathcal{L}_0$ dans F, puis en une application linéaire continue v de $\mathcal{L}^1((q(\mathbf{m}))_{q \in Q})$ dans F. En outre, pour tout $\mathbf{z}' \in F'$, la relation $\langle \mathbf{z}', v(f) \rangle = \int f d(\mathbf{z}' \circ \mathbf{m})$ est vraie par définition de v pour toute $f \in \mathcal{K}(T)$; comme $|\mathbf{z}' \circ \mathbf{m}| \leqslant q(\mathbf{m})$ pour $q(\mathbf{z}) = |\langle \mathbf{z}', \mathbf{z} \rangle|$, l'application $f \to \int f d(\mathbf{z}' \circ \mathbf{m})$ est continue dans $\mathcal{L}^1((q(\mathbf{m}))_{q \in Q})$, donc on a encore par continuité, la relation

$\langle \mathbf{z}', \varphi(f) \rangle = \int f d(\mathbf{z}' \circ \mathbf{m})$ pour toute fonction $f \in \mathcal{L}^1((q(\mathbf{m}))_{q \in Q})$. On en conclut $\varphi(f) = \int f d\mathbf{m}$, ce qui achève la démonstration.

4. *Mesures vectorielles de base* μ.

DÉFINITION 4. — *Soit* μ *une mesure positive sur* T. *On dit qu'une mesure vectorielle* $\mathbf{m}$ *sur* T, *à valeurs dans* F, *est une mesure de base* μ *s'il existe une application* $\mathbf{f}$ *de* T *dans* F, *scalairement localement* μ*-intégrable et telle que* $\mathbf{m}(g) = \int g\mathbf{f}d\mu$ *pour toute fonction* $g \in \mathcal{K}(\mathrm{T})$. *On dit alors que* $\mathbf{f}$ *est une densité de* $\mathbf{m}$ *par rapport à* μ, *et on écrit* $\mathbf{m} = \mathbf{f}.\mu$.

Il est immédiat que si $\mathbf{f}_1$ et $\mathbf{f}_2$ sont deux densités de $\mathbf{m}$ par rapport à μ, $\mathbf{f}_1 - \mathbf{f}_2$ est scalairement localement μ-négligeable (chap. V, § 5, n° 4, cor. 2 de la prop. 5) ; rappelons que cela n'entraîne pas en général que $\mathbf{f}_1 - \mathbf{f}_2$ soit nulle localement presque partout (cf. § 1, exerc. 12 et n° 1, *Remarque* 2).

Soit $\mathbf{m}$ une mesure de base μ, de densité $\mathbf{f}$. Pour qu'une fonction numérique g soit essentiellement intégrable pour $\mathbf{m}$, il faut et il suffit que $g\mathbf{f}$ soit scalairement essentiellement μ-intégrable (chap. V, § 3, n° 5, th. 1).

PROPOSITION 7. — *Soit* $\mathbf{f}$ *une application scalairement localement intégrable par rapport à une mesure positive* μ *sur* T, *telle que, pour toute fonction* $g \in \mathcal{K}(\mathrm{T})$, *l'on ait* $\int g\mathbf{f}d\mu \in \mathrm{F}$. *Alors l'application* $g \to \int g\mathbf{f}d\mu$ *de* $\mathcal{K}(\mathrm{T})$ *dans* F *est une mesure vectorielle sur* T, *de base* μ *et de densité* $\mathbf{f}$ *par rapport à* μ.

En effet (n° 1, *Remarque* 3), il suffit de montrer que, si on pose $\mathbf{m}(g) = \int g\mathbf{f}d\mu$, $\mathbf{z}' \circ \mathbf{m}$ est une mesure scalaire pour tout $\mathbf{z}' \in \mathrm{F}'$. Mais comme $\mathbf{z}'(\mathbf{m}(g)) = \int g \langle \mathbf{z}', \mathbf{f} \rangle d\mu$, on a $\mathbf{z}' \circ \mathbf{m} = \langle \mathbf{z}', \mathbf{f} \rangle . \mu$, d'où notre assertion.

Proposition 8. — *Soient* μ *une mesure positive sur* T, $\mathbf{m}$ *une mesure sur* T *à valeurs dans* F, *de base* μ *et de densité* $\mathbf{f}$ *par rapport à* μ. *Soit* q *une semi-norme semi-continue inférieurement sur* F.

a) *Si, pour toute partie compacte* K *de* T, *l'intégrale supérieure* $\int_K^{\bullet *} (q \circ \mathbf{f}) d\mu$ *est finie, alors* $\mathbf{m}$ *est* q*-majorable.*

b) *Si* $\mathbf{m}$ *est* q*-majorable, alors* $q(\mathbf{m})$ *est de base* μ ; *si de plus* $\mathbf{f}$ *est* μ*-mesurable en tant qu'application de* T *dans* F_σ, *alors* $q \circ \mathbf{f}$ *est localement* μ*-intégrable, et on a* $q(\mathbf{m}) = (q \circ \mathbf{f}) . \mu$.

a) Pour toute partie finie J de A'_q, désignons par λ_J la borne supérieure des mesures $|\mathbf{z}' \circ \mathbf{m}|$ où $\mathbf{z}'$ parcourt J ; si $g_J = \sup_{\mathbf{z}' \in J} |\langle \mathbf{z}', \mathbf{f} \rangle|$ on a $\lambda_J = g_J . \mu$ (chap. V, § 5, n° 4, prop. 5). Pour toute partie ouverte relativement compacte U de T, soit $\lambda_{J,U}$ la restriction de λ_J à U ; montrons d'abord que lorsque J parcourt l'ensemble filtrant $\mathfrak{F}$ des parties finies de A'_q, la famille $(\lambda_{J,U})$ est majorée dans $\mathcal{M}(U)$. En effet, pour toute fonction $h \geqslant 0$ de $\mathcal{K}(U)$, on a

$$\int^{\bullet} h d\lambda_{J,U} = \int^{\bullet} h g_J d\mu \leqslant \int^{\bullet *} (q \circ \mathbf{f}) h d\mu \leqslant \|h\| \int_U^{\bullet *} (q \circ \mathbf{f}) d\mu$$

d'où notre assertion (chap. II, § 2, n° 2). Soit ν_U la borne supérieure de cette famille de mesures dans $\mathcal{M}(U)$. Si U' est une seconde partie ouverte relativement compacte de T telle que $U \subset U'$, ν_U est la restriction de $\nu_{U'}$ à U, comme il résulte aussitôt de l'expression de la borne supérieure d'un ensemble filtrant croissant de mesures (chap. II, § 2, n° 2) et du fait que $\lambda_{J,U}$ est la restriction à U de $\lambda_{J,U'}$. Il y a donc une mesure positive ν et une seule dont la restriction à chacun des U soit ν_U (chap. III, § 3, n° 1, prop. 1), et il est clair que $\nu = q(\mathbf{m})$.

b) Comme les mesures λ_J sont de base μ, il en est de même de leur borne supérieure $q(\mathbf{m})$ (chap. V, § 5, n° 5, th. 2). Si $\mathbf{f}$ est μ-mesurable pour la topologie $\sigma(F, F')$ sur F, il résulte aussitôt des définitions que l'application $t \rightarrow (g_J(t))_{J \in \mathfrak{F}}$ de T dans l'espace produit $\mathbf{R}^{\mathfrak{F}}$ est μ-mesurable ; comme la famille (g_J) est filtrante croissante, $q \circ \mathbf{f} = \sup_{J \in \mathfrak{F}} g_J$ est μ-mesurable, et pour toute partie compacte K de T, on a $\int_K^{\bullet *} (q \circ \mathbf{f}) d\mu = \sup_J \int_K^{\bullet} g_J d\mu \leqslant \int_K^{\bullet} dq(\mathbf{m})$

(chap. V, § 2, n° 2, prop. 9). Mais cela prouve que $q \circ \mathbf{f}$ est localement μ-intégrable et que $\lambda_J \leqslant (q \circ \mathbf{f}) . \mu \leqslant q(\mathbf{m})$ pour tout $J \in \mathfrak{F}$; d'où, par définition, $q(\mathbf{m}) = (q \circ \mathbf{f}) . \mu$.

Remarque. — Supposons qu'il existe dans A'_q un ensemble dénombrable D dense pour $\sigma(F', F)$; alors la fonction $q \circ \mathbf{f}$ est toujours μ-mesurable, car on a $q(\mathbf{f}(t)) = \sup_{\mathbf{z}' \in D} |\langle \mathbf{z}', \mathbf{f}(t) \rangle|$ (chap. IV, § 5, n° 4, cor. 1 du th. 2). On a alors, pour toute partie compacte K de T, $\int_K^* (q \circ \mathbf{f}) d\mu = \sup_J \int_K g_J d\mu$ où J parcourt l'ensemble filtrant dénombrable des parties finies de D (chap. IV, § 1, n° 1, cor. du th. 3) ; on voit donc que dans ce cas la condition $\int_K^* (q \circ \mathbf{f}) d\mu < +\infty$ pour toute partie compacte K de T est nécessaire et suffisante pour que $\mathbf{m}$ soit q-majorable.

Proposition 9. — *Soit* F *un espace de Banach de dimension finie. Toute mesure* $\mathbf{m}$ *sur* T *à valeurs dans* F *est une mesure de base* $|\mathbf{m}|$. *Si* $\mathbf{m} = \mathbf{f} . |\mathbf{m}|$, *on a* $|\mathbf{f}(t)| = 1$ *localement presque partout pour* $|\mathbf{m}|$. *Pour que* $\mathbf{m}$ *soit de base* μ, *il faut et il suffit que* $|\mathbf{m}|$ *soit de base* μ, *et si* $\mathbf{m} = \mathbf{g} . \mu$, *on a* $|\mathbf{m}| = |\mathbf{g}| . \mu$.

Soient $(\mathbf{e}_i)_{1 \leqslant i \leqslant n}$ une base de F et $(\mathbf{e}'_i)_{1 \leqslant i \leqslant n}$ la base duale de F'. Pour tout indice i, on a $|\mathbf{e}'_i \circ \mathbf{m}| \leqslant |\mathbf{m}|$, donc (chap. V, § 5, n° 5, th. 2) $\mathbf{e}'_i \circ \mathbf{m} = h_i . |\mathbf{m}|$, où h_i est bornée et $|\mathbf{m}|$-mesurable. Si on pose $\mathbf{h} = \sum_{i=1}^{n} h_i \mathbf{e}_i$, on a donc $\mathbf{m} = \mathbf{h} . |\mathbf{m}|$. Si $\mathbf{m} = \mathbf{f} . |\mathbf{m}|$, la prop. 8 montre que $|\mathbf{m}| = |\mathbf{f}| . |\mathbf{m}|$, d'où $|\mathbf{f}(t)| = 1$ localement presque partout pour $|\mathbf{m}|$ (chap. V, § 5, n° 4, cor. 2 de la prop. 5). La dernière assertion résulte aussitôt de la prop. 8.

Remarque. — Si $\mathbf{z} = \sum_{i=1}^{n} z_i \mathbf{e}_i$, $|\mathbf{z}| = \psi(z_1, \ldots, z_n)$ est une fonction continue positivement homogène dans $\mathbf{R}^n$. Si on pose $\mu_i = \mathbf{e}'_i \circ \mathbf{m} = h_i . |\mathbf{m}|$, on a, par définition (chap. V, § 5, n° 9),

$$\psi(\mu_1, \ldots, \mu_n) = \psi(h_1, \ldots, h_n) . |\mathbf{m}| = |\mathbf{h}| . |\mathbf{m}| = |\mathbf{m}|.$$

5. *Le théorème de Dunford-Pettis.*

Soit μ une mesure positive sur T. On dit qu'une mesure vectorielle $\mathbf{m}$ sur T, à valeurs dans F, est *scalairement de base* μ si, pour tout $\mathbf{z}' \in F'$, la mesure scalaire $\mathbf{z}' \circ \mathbf{m}$ est de base μ. Si une mesure vectorielle $\mathbf{m}$ à valeurs dans F est de base μ, elle est scalairement de base μ : en effet, si $\mathbf{m} = \mathbf{f}.\mu$, on a $\mathbf{z}' \circ \mathbf{m} = \langle \mathbf{z}', \mathbf{f} \rangle . \mu$ pour tout $\mathbf{z}' \in F'$. Mais il existe des mesures vectorielles qui sont scalairement de base μ sans être de base μ (exerc. 17), et d'autre part il existe des mesures vectorielles qui ne sont scalairement de base ν pour aucune mesure positive ν ; on notera toutefois que toute mesure $\mathbf{m}$ *majorable* à valeurs dans un *espace normé* est scalairement de base $|\mathbf{m}|$, en vertu du th. de Lebesgue-Nikodym.

Exemple. — Prenons pour $\mathbf{m}$ l'application identique de $\mathcal{K}(T)$. Dire que $\mathbf{m}$ est scalairement de base μ signifie que toute mesure réelle sur T est de base μ. En particulier, la mesure ponctuelle ε_t $(t \in T)$ doit être de base μ, ce qui exige que $\mu(\{t\}) > 0$ pour tout $t \in T$, et entraîne en particulier que toute partie compacte de T est *dénombrable.*

Nous allons dans ce n° démontrer un résultat qui généralise une des conséquences du th. de Lebesgue-Nikodym, à savoir que le dual de $L^1(\mu)$ est $L^\infty(\mu)$ (chap. V, § 5, n° 8, th. 4), et qui donne une condition suffisante pour qu'une mesure vectorielle scalairement de base μ soit de base μ.

Soit π l'application canonique de $\mathcal{L}^\infty(\mu)$ sur $L^\infty(\mu)$. Nous dirons qu'un sous-espace vectoriel G de L^∞ possède la *propriété de relèvement* s'il existe une application linéaire ρ de G dans $\mathcal{L}^\infty(\mu)$ (dite *relèvement* de G) telle que $\pi \circ \rho$ soit l'identité sur G et que $|\rho(f)(t)| \leqslant N_\infty(f)$ pour tout $t \in T$ et tout $f \in G$.

On démontre que si μ est la mesure de Lebesgue sur $\mathbf{R}^n$, l'espace $L^\infty(\mathbf{R}^n, \mu)$ tout entier possède la propriété de relèvement (exerc. 18).

Lemme 2. — *Tout sous-espace* G *de type dénombrable de l'espace de Banach* $L^\infty(T, \mu)$ *possède la propriété de relèvement.*

Par hypothèse il existe une partie dénombrable dense H de G, qui soit un sous-espace vectoriel sur le corps $\mathbf{Q}$ des nombres rationnels ; soit (h_n) une base (dénombrable) de H sur $\mathbf{Q}$. Pour tout entier n, soit h'_n un élément de $\mathfrak{L}^\infty$ tel que $\pi(h'_n) = h_n$, et soit ρ' l'application $\mathbf{Q}$-linéaire de H dans $\mathfrak{L}^\infty$ définie par $\rho'(h_n) = h'_n$; il est clair que $\pi \circ \rho$ est l'identité sur H. En outre, pour tout $h \in \mathrm{H}$, on a $|\rho'(h)(t)| \leqslant \mathrm{N}_\infty(h)$ sauf aux points t d'un ensemble localement négligeable $\mathrm{A}(h)$. Soit A la réunion des $\mathrm{A}(h)$ pour $h \in \mathrm{H}$, qui est encore localement négligeable. Pour tout $h \in \mathrm{H}$, désignons par $\rho(h)$ la fonction $h'' \in \mathfrak{L}^\infty$ telle que $h''(t) = \rho'(h)(t)$ si $t \notin \mathrm{A}$ et $h''(t) = 0$ si $t \in \mathrm{A}$. Il est clair que ρ est une application $\mathbf{Q}$-linéaire de H dans $\mathfrak{L}^\infty$, telle que $\pi \circ \rho$ soit l'identité sur H et que $|\rho(h)(t)| \leqslant \mathrm{N}_\infty(h)$ pour tout $h \in \mathrm{H}$ et tout $t \in \mathrm{T}$. Comme $\mathfrak{L}^\infty$ est un espace de Banach pour la norme $\|f\| = \sup_{t \in \mathrm{T}} |f(t)|$ (chap. IV, § 5, n° 4, th. 2), ρ se prolonge en une application $\mathbf{R}$-linéaire continue, notée encore ρ, de G dans $\mathfrak{L}^\infty$, qui est évidemment un relèvement de G.

Définition 5. — *Soient* F *un espace localement convexe séparé,* F'_s *son dual muni de la topologie* $\sigma(\mathrm{F}', \mathrm{F})$. *On désigne par* $\mathfrak{L}^\infty_{\mathrm{F}'_s}$ *l'espace vectoriel des applications* $\mathbf{f}$ *de* T *dans* F'_s, *telles que* $\mathbf{f}$ *soit scalairement* μ*-mesurable et égale scalairement localement presque partout (pour* μ*) à une application de* T *dans une partie équicontinue de* F'. *On désigne par* $\mathrm{L}^\infty_{\mathrm{F}'_s}$ *l'espace quotient de* $\mathfrak{L}^\infty_{\mathrm{F}'_s}$ *par l'espace des applications scalairement localement* μ*-négligeables de* T *dans* F'_s.

Lorsque F vérifie les hypothèses du § 1, n° 5, prop. 13, les fonctions de $\mathfrak{L}^\infty_{\mathrm{F}'_s}$ sont μ-mesurables pour la topologie faible $\sigma(\mathrm{F}', \mathrm{F})$, mais ne sont pas nécessairement mesurables pour la topologie forte sur F', même si F est un espace de Banach (§ 1, exerc. 17). Dans les mêmes conditions, les applications scalairement localement μ-négligeables de T dans F'_s sont identiques aux applications localement μ-négligeables de T dans F'_s (§ 1, n° 1, *Remarque* 2).

Lorsque F est un espace normé de type dénombrable, les éléments de $\mathfrak{L}^\infty_{\mathrm{F}'_s}$ sont les applications $\mathbf{f}$ de T dans F'_s, telles que $\mathbf{f}$ soit scalairement μ-mesurable et que $|\mathbf{f}|$ soit *bornée en mesure* ; on peut alors définir sur l'espace $\mathrm{L}^\infty_{\mathrm{F}'_s}$ une structure d'espace *normé*, en le munissant de la norme N_∞ (chap. IV, § 6, n° 3).

Lemme 3. — *Soient* F *un espace localement convexe séparé*, $\mathbf{f}$ *un élément de* $\mathcal{L}^{\infty}_{F'_s}$. *Pour tout* $\mathbf{z} \in F$, *on a* $\langle \mathbf{z}, \mathbf{f} \rangle \in \mathcal{L}^{\infty}$, *et l'application linéaire* $\mathbf{z} \to \pi(\langle \mathbf{z}, \mathbf{f} \rangle)$ *de* F *dans* L^{∞} *est continue ; si en outre* F *est un espace normé, on a* $N_{\infty}(\langle \mathbf{z}, \mathbf{f} \rangle) \leqslant |\mathbf{z}| . \sup_{t \in T} |\mathbf{f}(t)|$.

Il est clair par définition que $\langle \mathbf{z}, \mathbf{f} \rangle$ est μ-mesurable et bornée en mesure ; en remplaçant éventuellement $\mathbf{f}$ par une fonction appartenant à la même classe de $L^{\infty}_{F'_s}$, on peut supposer en outre que $\mathbf{f}(T) \subset V^0$, où V est un voisinage convexe équilibré de 0 dans F (ce qui ne modifie $\langle \mathbf{z}, \mathbf{f} \rangle$ que sur un ensemble localement négligeable, dépendant de $\mathbf{z}$). Alors la relation $\mathbf{z} \in V$ entraîne $|\langle \mathbf{z}, \mathbf{f}(t) \rangle| \leqslant 1$ pour tout $t \in T$, ce qui prouve la continuité de $\mathbf{z} \to \pi(\langle \mathbf{z}, \mathbf{f} \rangle)$. La dernière assertion est évidente.

Lemme 4. — *Soient* F *un espace localement convexe séparé*, $\mathbf{f}$ *un élément de* $\mathcal{L}^{\infty}_{F'_s}$. *Pour toute fonction numérique* $g \in \overline{\mathcal{L}}^1$, *la fonction* $g\mathbf{f}$ *est scalairement essentiellement* μ*-intégrable et l'on a* $\int g\mathbf{f}d\mu \in F'$.

En effet, pour tout $\mathbf{z} \in F$, $\langle \mathbf{z}, \mathbf{f} \rangle$ appartient à $\mathcal{L}^{\infty}$, d'où la première assertion. En outre, on peut supposer, sans modifier $\int g\mathbf{f}d\mu$, que $\mathbf{f}(T) \subset V^0$, où V est un voisinage convexe équilibré de 0 dans F. Alors la relation $\mathbf{z} \in V$ entraîne $|\langle \mathbf{z}, \mathbf{f}(t) \rangle| \leqslant 1$ pour tout $t \in T$, d'où $\left|\langle \mathbf{z}, \int g\mathbf{f}d\mu \rangle\right| = \left|\int \langle \mathbf{z}, \mathbf{f} \rangle g d\mu\right| \leqslant \overline{N}_1(g)$, ce qui prouve que $\int g\mathbf{f}d\mu \in F'$.

Théorème 1. — *Soit* F *un espace localement convexe séparé, contenant une partie dénombrable partout dense. Pour toute fonction* $\mathbf{f} \in \mathcal{L}^{\infty}_{F'_s}$ *et tout* $\mathbf{z} \in F$, *soit* $v_{\mathbf{f}}(\mathbf{z}) = \pi(\langle \mathbf{z}, \mathbf{f} \rangle) \in L^{\infty}$; *l'application* $\mathbf{f} \to v_{\mathbf{f}}$ *définit, par passage au quotient, une bijection linéaire de* $L^{\infty}_{F'_s}$ *sur l'espace* $\mathcal{L}(F ; L^{\infty})$ *des applications linéaires continues de* F *dans* L^{∞}. *Si* F *est un espace normé, cette bijection est une isométrie.*

Vu le lemme 3, la première assertion sera démontrée si l'on prouve que pour toute application continue u de F dans L^{∞}, il existe une fonction $\mathbf{f} \in \mathcal{L}^{\infty}_{F'_s}$, telle que $\pi(\langle \mathbf{z}, \mathbf{f} \rangle) = u(\mathbf{z})$ pour tout

$\mathbf{z} \in F$, et que la classe de $\mathbf{f}$ dans $L^{\infty}_{F'_s}$ est déterminée de façon unique par cette condition. Le second point est immédiat, car si $\pi(\langle \mathbf{z}, \mathbf{f} \rangle) = \pi(\langle \mathbf{z}, \mathbf{f}_1 \rangle)$ pour tout $\mathbf{z} \in F$, $\mathbf{f}_1 - \mathbf{f}$ est scalairement localement négligeable. D'autre part, il existe un relèvement ρ de $u(F)$ dans $\mathcal{L}^{\infty}$ (lemme 2). Pour tout $t \in T$, l'application $\mathbf{z} \to \rho(u(\mathbf{z}))(t)$ est une forme linéaire continue sur F, c'est-à-dire un élément $\mathbf{f}(t)$ de F'. La fonction $\mathbf{f}$ est scalairement μ-mesurable puisque $\langle \mathbf{z}, \mathbf{f} \rangle = \rho(u(\mathbf{z})) \in \mathcal{L}^{\infty}$ pour tout $\mathbf{z} \in F$; on a $\pi(\langle \mathbf{z}, \mathbf{f} \rangle) = u(\mathbf{z})$; enfin, pour tout $t \in T$ et tout $\mathbf{z}$ appartenant à l'image réciproque V par u de la boule unité de L^{∞}, on a

$$|\langle \mathbf{z}, \mathbf{f}(t) \rangle| = |\rho(u(\mathbf{z}))(t)| \leqslant N_{\infty}(u(\mathbf{z})) \leqslant 1$$

ce qui montre que $\mathbf{f}(t) \in V^0$ pour tout $t \in T$.

Si de plus F est un espace normé, ce qui précède montre que $\sup_{t \in T} |\mathbf{f}(t)| \leqslant \|u\|$. Mais d'autre part (lemme 3), on a

$$N_{\infty}(u(\mathbf{z})) \leqslant |\mathbf{z}| \,.\, \sup_{t \in T} |\mathbf{f}(t)|$$

et cette inégalité subsiste lorsqu'on modifie arbitrairement $\mathbf{f}$ dans un ensemble localement négligeable. On en conclut que $\|u\| = N_{\infty}(|\mathbf{f}|)$.

Corollaire 1. — *Soit* F *un espace localement convexe séparé contenant une partie dénombrable partout dense. Pour toute fonction* $\mathbf{f} \in \mathcal{L}^{\infty}_{F'_s}$, *tout* $\mathbf{z} \in F$ *et toute fonction* $g \in \mathcal{L}^1$, *soit* $\Phi_{\mathbf{f}}(\mathbf{z}, \tilde{g}) = \int \langle \mathbf{z}, \mathbf{f}(t) \rangle g(t) d\mu(t)$. *L'application* $\mathbf{f} \to \Phi_{\mathbf{f}}$ *définit, par passage au quotient, une bijection linéaire de* $L^{\infty}_{F'_s}$ *sur l'espace* $\mathcal{B}(F, L^1)$ *des formes bilinéaires continues dans* $F \times L^1$. *Si* F *est un espace normé, cette bijection est une isométrie.*

En effet, on peut supposer que $\mathbf{f}(T)$ est une partie équicontinue de F'. Il est clair alors que $\Phi_{\mathbf{f}}$ est séparément continue, et avec les notations du th. 1 et de l'Appendice, on a (compte tenu de ce que L^{∞} est le dual de L^1 (chap. V, § 5, n° 8, th. 4)) ${}^t\Phi_{\mathbf{f}} = v_{\mathbf{f}}$. Le corollaire résulte alors du th. 1 ci-dessus et de l'Appendice, n° 1, prop. 1 et corollaire.

Corollaire 2 (théorème de Dunford-Pettis). — *Soit* F *un espace localement convexe séparé contenant une partie dénombrable partout dense. Pour toute fonction* $\mathbf{f} \in \mathcal{L}^{\infty}_{F'_s}$, *et toute fonction* $g \in \mathcal{L}^1$, *soit* $w_{\mathbf{f}}(\tilde{g}) = \int g\mathbf{f}\,d\mu \in F'$ *(lemme 4). L'application* $\mathbf{f} \to w_{\mathbf{f}}$ *définit, par passage au quotient, une bijection linéaire de* $L^{\infty}_{F'_s}$ *sur l'espace* $\mathcal{R}(L^1, F')$ *des applications linéaires u de* L^1 *dans* F′ *telles que l'image par u de la boule unité de* L^1 *soit une partie équicontinue de* F′. *Si* F *est un espace normé (auquel cas* $\mathcal{R}(L^1, F')$ *est l'espace des applications linéaires continues de* L^1 *dans le dual fort de* F), *la bijection* $\mathbf{f} \to w_{\mathbf{f}}$ *est une isométrie.*

Compte tenu de ce que L^{∞} est le dual de L^1, cela résulte du corollaire précédent et de l'Appendice, n° 1, prop. 1 et corollaire.

Remarque. — Il est clair que les applications $u \in \mathcal{R}(L^1, F')$ sont continues pour toute $\mathfrak{S}$-topologie sur F′ ($\mathfrak{S}$ recouvrement de F par des parties bornées). Réciproquement, si on suppose en outre F *tonnelé*, toute application linéaire continue de L^1 dans F′ muni d'une $\mathfrak{S}$-topologie transforme la boule unité de L^1 en une partie bornée de F′, qui est par suite équicontinue (*Esp. vect. top.*, chap. III, § 3, n° 6, th. 2).

Corollaire 3. — *Soient* F *un espace localement convexe séparé contenant une partie dénombrable partout dense,* $\mathbf{m}$ *une mesure vectorielle sur* T *à valeurs dans le dual faible* F′ *de* F. *Si l'image par* $\mathbf{m}$ *de l'ensemble* B *des fonctions g de* $\mathcal{K}(T)$ *telles que* $\mu(|g|) \leqslant 1$ *est contenu dans une partie équicontinue convexe et fermée* H′ *de* F′, *alors* $\mathbf{m}$ *est de base* μ *et il existe une densité* $\mathbf{f}$ *de* $\mathbf{m}$ *par rapport à* μ *telle que* $\mathbf{f}(t) \in H'$ *pour tout* $t \in T$.

L'hypothèse entraîne que $\mathbf{m}$ est continue lorsqu'on munit $\mathcal{K}(T)$ de la topologie induite par celle de $\mathcal{L}^1(\mu)$ (définie par la semi-norme N_1) ; elle se prolonge donc en une application linéaire continue u de $\mathcal{L}^1(\mu)$ dans le complété G du dual faible de F ; mais comme H′ est une partie compacte de G et que l'image par u de l'ensemble B des $f \in \mathcal{L}^1$ tels que $N_1(f) \leqslant 1$ est contenue dans l'adhérence de H′ dans G, on a $u(B) \subset H'$, donc u applique $\mathcal{L}^1$ dans F′. Comme la relation $N_1(f) \leqslant \varepsilon$ entraîne $u(f) \in \varepsilon H'$, on a $u(g) = 0$ si g est μ-négligeable, et on peut donc appliquer le cor. 2 à l'application de L^1

dans F′ obtenue par passage au quotient à partir de u ; d'où le corollaire.

Corollaire 4. — *Soient* F *un espace normé de type dénombrable,* **m** *une mesure sur* T *à valeurs dans le dual fort* F′, *majorable pour la norme de* F′. *Alors* **m** *est une mesure de base* $|\mathbf{m}|$, *et si* $\mathbf{m} = \mathbf{f}.|\mathbf{m}|$, *on a* $|\mathbf{f}(t)| = 1$ *localement presque partout pour* $|\mathbf{m}|$.

En effet, par hypothèse, pour tout $\mathbf{z} \in \mathrm{F}$ tel que $|\mathbf{z}| \leqslant 1$, on a $|\langle \mathbf{z}, \mathbf{m}(g)\rangle| \leqslant |\mathbf{m}|(|g|)$ pour toute fonction $g \in \mathcal{K}(\mathrm{T})$, et par suite $|\mathbf{m}(g)| \leqslant |\mathbf{m}|(|g|)$ (*Esp. vect. top.*, chap. IV, § 5, n° 2, prop. 4). Comme toute boule dans F′ est équicontinue, le cor. 3 s'applique et montre que **m** est de base $|\mathbf{m}|$; en outre, si $\mathbf{m} = \mathbf{f}.|\mathbf{m}|$, **f** est $|\mathbf{m}|$-mesurable pour $\sigma(\mathrm{F}', \mathrm{F})$ (§ 1, n° 5, prop. 13), et on a $|\mathbf{m}| = |\mathbf{f}|.|\mathbf{m}|$ (n° 4, prop. 8), ce qui démontre le corollaire (chap. V, § 5, n° 4, cor. 2 de la prop. 5).

Si on applique ce corollaire au cas où F est de dimension finie, on retrouve comme cas particulier la première partie de la prop. 9.

6. Dual de l'espace L^1_{F} *(F espace de Banach de type dénombrable).*

Proposition 10. — *Soit* F *un espace de Banach de type dénombrable. Pour toute fonction* $\mathbf{f} \in \overline{\mathcal{L}}^1_{\mathrm{F}}$ *et toute fonction* $\mathbf{g} \in \mathcal{L}^\infty_{\mathrm{F}'_s}$, *la fonction numérique* $\langle \mathbf{f}, \mathbf{g}\rangle : t \rightarrow \langle \mathbf{f}(t), \mathbf{g}(t)\rangle$ *est essentiellement* μ-*intégrable et on a*

$$\left|\int \langle \mathbf{f}, \mathbf{g}\rangle \, d\mu\right| \leqslant \overline{\mathrm{N}}_1(\mathbf{f})\mathrm{N}_\infty(\mathbf{g}). \tag{3}$$

Pour toute classe $\dot{\mathbf{g}} \in \mathrm{L}^\infty_{\mathrm{F}'_s}$, *soit* $\theta(\dot{\mathbf{g}})$ *la forme linéaire continue sur* $\mathrm{L}^1_{\mathrm{F}}$ *déduite par passage au quotient de la forme linéaire* $\mathbf{f} \rightarrow \int \langle \mathbf{f}, \mathbf{g}\rangle \, d\mu$ *sur* $\overline{\mathcal{L}}^1_{\mathrm{F}}$; *alors* θ *est une isométrie linéaire de* $\mathrm{L}^\infty_{\mathrm{F}'_s}$ *sur le dual fort* $(\mathrm{L}^1_{\mathrm{F}})'$ *de l'espace de Banach* $\mathrm{L}^1_{\mathrm{F}}$.

Pour toute partie compacte K de T et tout $\varepsilon > 0$, il existe une partie compacte K′ de K telle que $\mu(\mathrm{K} - \mathrm{K}') \leqslant \varepsilon$ et que la restriction de **f** (resp. **g**) à K′ soit une application continue de K′ dans F (resp. dans F'_s) ; par suite $\mathbf{g}(\mathrm{K}')$ est faiblement compact, donc équicontinu dans F' (*Esp. vect. top.*, chap. IV, § 5, nº 1). Or, la restriction de la forme bilinéaire canonique sur $F \times F'$ au produit de F et d'une partie équicontinue de F' est continue pour la topologie produit de la topologie de F et de $\sigma(F', F)$ (*Top. gén.*, chap. X, 2ᵉ éd., § 2, nº 2, cor. 4 de la prop. 1) ; on en conclut que la restriction de $\langle \mathbf{f}, \mathbf{g} \rangle$ à K' est continue, et par suite que $\langle \mathbf{f}, \mathbf{g} \rangle$ est μ-mesurable. De plus, on a

$$|\langle \mathbf{f}(t), \mathbf{g}(t) \rangle| \leqslant |\mathbf{f}(t)| \,.\, |\mathbf{g}(t)| \leqslant |\mathbf{f}(t)|\, N_\infty(\mathbf{g})$$

localement presque partout, et par suite $\langle \mathbf{f}, \mathbf{g} \rangle$ est essentiellement μ-intégrable et on a l'inégalité (3) (chap. IV, § 5, nº 6, th. 5 et chap. V, § 2, nº 2, prop. 5).

Reste à montrer que θ est une isométrie surjective. Soit u une forme linéaire continue sur L^1_F. L'application $(\tilde{h}, \mathbf{z}) \to u(\tilde{h}\mathbf{z})$ est une forme bilinéaire continue sur $L^1 \times F$, car

$$|u(\tilde{h}\mathbf{z})| \leqslant \|u\| \,.\, N_1(h\mathbf{z}) \leqslant \|u\| \,.\, |\mathbf{z}| \,.\, N_1(h).$$

D'après le cor. 1 du th. 1 du nº 5, il existe une application $\mathbf{g}$ de T dans F', appartenant à $L^\infty_{F'_s}$, telle que $|\mathbf{g}(t)| \leqslant \|u\|$ pour tout $t \in T$, et que $u(\tilde{h}\mathbf{z}) = \int \langle h\mathbf{z}, \mathbf{g} \rangle d\mu$ pour toute fonction $h \in \mathcal{L}^1$ de classe $\tilde{h}$ dans L^1, et tout $\mathbf{z} \in F$. Autrement dit, les formes linéaires u et $\theta(\dot{\mathbf{g}})$ coïncident sur le sous-espace de L^1_F engendré par les éléments de la forme $\tilde{h}\mathbf{z}$ ($\tilde{h} \in L^1$, $\mathbf{z} \in F$). Comme ce sous-espace est dense dans L^1_F (chap. IV, § 3, nº 5, prop. 10), on a donc $u = \theta(\dot{\mathbf{g}})$, ce qui prouve déjà que θ est surjective. On a en outre d'après (3) $\|\theta(\dot{\mathbf{g}})\| \leqslant N_\infty(\mathbf{g}) \leqslant \|u\| = \|\theta(\dot{\mathbf{g}})\|$, d'où $\|\theta(\dot{\mathbf{g}})\| = N_\infty(\mathbf{g})$, et ceci termine la démonstration.

7. *Intégration d'une fonction vectorielle par rapport à une mesure vectorielle.*

PROPOSITION 11. — *Soient* F, G, H *trois espaces de Banach,* Φ *une application bilinéaire continue de* $F \times G$ *dans* H. *Soit* $\mathbf{m}$ *une mesure vectorielle majorable sur* T, *à valeurs dans* G. *Il existe alors une application linéaire continue et une seule* $I_{\Phi, \mathbf{m}}$ *de* $\overline{\mathcal{L}}^1_F(|\mathbf{m}|)$ *dans*

H *telle que, pour tout* $\mathbf{z} \in \mathrm{F}$ *et pour toute fonction numérique* h *intégrable pour* $|\mathbf{m}|$, *on ait* $\mathrm{I}_{\Phi,\mathbf{m}}(h\mathbf{z}) = \Phi\left(\mathbf{z}, \int h d\mathbf{m}\right)$. *En outre, on a*

$$(4) \qquad |\mathrm{I}_{\Phi,\mathbf{m}}(\mathbf{f})| \leqslant \|\Phi\| \int |\mathbf{f}|\, d|\mathbf{m}|,$$

pour toute fonction $\mathbf{f} \in \overline{\mathcal{L}}^1_{\mathrm{F}}(|\mathbf{m}|)$.

S'il existe une telle application, sa valeur pour une fonction *étagée* $\mathbf{f}$ sur les ensembles $|\mathbf{m}|$-intégrables est bien déterminée : on sait en effet qu'on peut écrire alors $\mathbf{f} = \sum_i \mathbf{a}_i \varphi_{\mathrm{X}_i}$, où les X_i sont $|\mathbf{m}|$-intégrables et disjoints, et les $\mathbf{a}_i \in \mathrm{F}$ (chap. IV, § 4, n° 8, lemme 1). La valeur de $\mathrm{I}_{\Phi,\mathbf{m}}(\mathbf{f})$ doit donc être égale à $\sum_i \Phi(\mathbf{a}_i, \int \varphi_{\mathrm{X}_i} d\mathbf{m})$. Or, on a (n° 3, prop. 6)

$$(5) \quad \left|\sum_i \Phi(\mathbf{a}_i, \int \varphi_{\mathrm{X}_i} d\mathbf{m})\right| \leqslant \|\Phi\| . \sum_i |\mathbf{a}_i| . |\mathbf{m}|(\mathrm{X}_i) = \|\Phi\| \int |\mathbf{f}|\, d|\mathbf{m}|,$$

ce qui montre d'abord que l'élément $\sum_i \Phi(\mathbf{a}_i, \int \varphi_{\mathrm{X}_i} d\mathbf{m})$ de H ne dépend pas de l'expression de $\mathbf{f}$ sous la forme $\sum_i \mathbf{a}_i \varphi_{\mathrm{X}_i}$, et par suite qu'on peut l'écrire $\mathrm{I}_{\Phi,\mathbf{m}}(\mathbf{f})$. On vérifie aussitôt que l'application $\mathrm{I}_{\Phi,\mathbf{m}}$ ainsi définie est linéaire dans l'espace $\mathcal{E}_{\mathrm{F}}$ des fonctions étagées sur les ensembles $|\mathbf{m}|$-intégrables : il suffit en effet d'écrire deux fonctions $\mathbf{f}$, $\mathbf{g}$ de $\mathcal{E}_{\mathrm{F}}$ sous la forme $\mathbf{f} = \sum_i \mathbf{a}_i \varphi_{\mathrm{X}_i}$ et $\mathbf{g} = \sum_i \mathbf{b}_i \varphi_{\mathrm{X}_i}$ pour la même famille finie d'ensembles $|\mathbf{m}|$-intégrables X_i, deux à deux disjoints (ce qui est possible en vertu du lemme 1 du chap. IV, § 4, n° 8). L'inégalité (5) montre alors que $\mathrm{I}_{\Phi,\mathbf{m}}$ est continue dans $\mathcal{E}_{\mathrm{F}}$, et comme ce sous-espace est partout dense dans $\overline{\mathcal{L}}^1_{\mathrm{F}}$ (chap. IV, § 4, n° 9, cor. 1 de la prop. 16 et chap. V, § 2, n° 2, prop. 6), on en déduit l'existence et l'unicité de $\mathrm{I}_{\Phi,\mathbf{m}}$ ainsi que l'inégalité (4).

On dit que $\mathrm{I}_{\Phi,\mathbf{m}}(\mathbf{f})$ est *l'intégrale de* $\mathbf{f}$ *par rapport à* $\mathbf{m}$ (relativement à l'application bilinéaire Φ) ; lorsque l'on note $\mathbf{xy}$ la valeur de l'application bilinéaire Φ au point $(\mathbf{x}, \mathbf{y})$, on écrira $\int \mathbf{f} d\mathbf{m}$ au lieu de $\mathrm{I}_{\Phi,\mathbf{m}}(\mathbf{f})$.

Avec les notations du nº 6, l'intégrale $\int \langle \mathbf{f}, \mathbf{g} \rangle \, d\mu$ n'est autre que $I_{\Phi, \mathbf{m}}(\mathbf{f})$ avec $\Phi(\mathbf{x}, \mathbf{x}') = \langle \mathbf{x}, \mathbf{x}' \rangle$ et $\mathbf{m} = \mathbf{g} \cdot \mu$.

COROLLAIRE. — *Si* $\mathbf{m}$ *et* $\mathbf{m}'$ *sont deux mesures majorables sur* T, *à valeurs dans* G, *on a* $I_{\Phi, \mathbf{m}+\mathbf{m}'} = I_{\Phi, \mathbf{m}} + I_{\Phi, \mathbf{m}'}$ *et* $I_{\Phi, \lambda\mathbf{m}} = \lambda I_{\Phi, \mathbf{m}}$ *pour tout scalaire* λ.

La seconde assertion est immédiate. La première signifie que pour toute fonction $\mathbf{f}$ qui est à la fois $|\mathbf{m}|$-intégrable et $|\mathbf{m}'|$-intégrable, on a

$$I_{\Phi, \mathbf{m}+\mathbf{m}'}(\mathbf{f}) = I_{\Phi, \mathbf{m}}(\mathbf{f}) + I_{\Phi, \mathbf{m}'}(\mathbf{f}). \tag{6}$$

La fonction $\mathbf{f}$ est alors $(|\mathbf{m}| + |\mathbf{m}'|)$-intégrable (chap. V, § 3, prop. 6 et cor. 1), donc *a fortiori* $(|\mathbf{m} + \mathbf{m}'|)$-intégrable, et le premier membre de (6) a bien un sens. Pour démontrer (6), il suffit de le faire lorsque $\mathbf{f}$ est une fonction étagée sur les ensembles $(|\mathbf{m}| + |\mathbf{m}'|)$-intégrables, l'ensemble de ces fonctions étant dense dans $\overline{\mathcal{L}}^1_F(|\mathbf{m}| + |\mathbf{m}'|)$ et les deux membres de (6) étant continus dans ce dernier espace, en vertu de (4). Mais pour $\mathbf{f} = \mathbf{a}\varphi_X$, où X est $(|\mathbf{m}| + |\mathbf{m}'|)$-intégrable, les deux membres de (6) se réduisent à $\Phi(\mathbf{a}, \int \varphi_X d\mathbf{m}) + \Phi(\mathbf{a}, \int \varphi_X d\mathbf{m}')$, d'où le corollaire.

Remarque. — Lorsque $\mathbf{m}$ est de la forme $\mathbf{b}\mu$, où $\mathbf{b} \in G$ et μ est une mesure réelle sur T, on a

$$I_{\Phi, \mathbf{m}}(\mathbf{f}) = \int \Phi(\mathbf{f}(t), \mathbf{b}) d\mu(t)$$

pour toute fonction $\mathbf{f} \in \mathcal{L}^1_F(\mu)$, car les deux membres sont continus dans cet espace et coïncident lorsque $\mathbf{f}$ est étagée sur les ensembles $|\mu|$-intégrables.

8. Mesures complexes.

DÉFINITION 5. — *On appelle mesure complexe sur* T *toute forme linéaire continue sur l'espace vectoriel complexe* $\mathcal{K}_C(T)$.

L'espace $\mathcal{M}_C(T)$ des mesures complexes sur T est donc le *dual* de l'espace localement convexe séparé $\mathcal{K}_C(T)$.

Si m est une mesure complexe sur T, sa restriction à $\mathcal{K}(T)$ est une mesure vectorielle sur T à valeurs dans $\mathbf{C}$ (considéré comme espace vectoriel sur $\mathbf{R}$) ; m est déterminée par cette restriction, puisque si $f = f_1 + if_2 \in \mathcal{K}_{\mathbf{C}}(T)$, la partie réelle f_1 et la partie imaginaire f_2 de f sont dans $\mathcal{K}(T)$, et $m(f) = m(f_1) + im(f_2)$. Inversement, pour toute mesure vectorielle m_0 sur T à valeurs dans $\mathbf{C}$, la formule $m(f) = m_0(f_1) + im_0(f_2)$ définit une mesure complexe m et une seule dont la restriction à $\mathcal{K}(T)$ soit m_0. Nous identifierons donc désormais une mesure complexe à sa restriction à $\mathcal{K}(T)$; une telle mesure m est de la forme $m = \mu_1 + i\mu_2$, où μ_1 et μ_2 sont deux mesures réelles sur T, qui sont appelées respectivement *partie réelle* et *partie imaginaire* de m. Le support de m est l'adhérence de la réunion des supports de μ_1 et μ_2. On sait que m est majorable (n° 3, cor. de la prop. 4) ; nous appellerons *valeur absolue* de m la mesure positive $|m|$ correspondant à la valeur absolue $|x_1 + ix_2| = \sqrt{x_1^2 + x_2^2}$ sur $\mathbf{C}$. On a $|m| = (\mu_1^2 + \mu_2^2)^{1/2}$ (n° 4, *Remarque* suivant la prop. 9), et $|\mu_1| \leqslant |m|$, $|\mu_2| \leqslant |m|$, $|m| \leqslant |\mu_1| + |\mu_2|$; en outre, m est une mesure de base $|m|$, et on peut écrire $m = h.|m|$, où $h \in \mathcal{L}_{\mathbf{C}}^{\infty}(|m|)$ et $|h(t)| = 1$ localement presque partout pour $|m|$ (n° 4, prop. 9). Les supports de m et de $|m|$ sont les mêmes.

Pour toute application $\mathbf{f}$ de T dans un espace de Banach complexe F, essentiellement intégrable par rapport à $|m|$, on peut définir (n° 7) l'intégrale de $\mathbf{f}$ par rapport à m (correspondant à l'application $\mathbf{R}$-bilinéaire $(\mathbf{x}, \lambda) \rightarrow \lambda\mathbf{x}$ de $F \times \mathbf{C}$ dans F), qu'on notera $\int \mathbf{f}dm$; il résulte aussitôt de la propriété d'unicité de la prop. 11 que l'on a (avec les notations précédentes) $\int \mathbf{f}dm = \int \mathbf{f}d\mu_1 + i\int \mathbf{f}d\mu_2 = \int \mathbf{f}hd|m|$. Pour $f \in \mathcal{K}_{\mathbf{C}}(T)$, on a donc $m(f) = \int fdm$. On dit que $\mathbf{f}$ est essentiellement intégrable pour m si elle l'est pour $|m|$; on définit de même les applications m-intégrables, m-mesurables, localement m-intégrables, m-négligeables, localement m-négligeables. On écrit $\mathcal{L}_F^p(T, m)$ (resp. $\overline{\mathcal{L}}_F^p(T, m)$, $L_F^p(T, m)$) au lieu de $\mathcal{L}_F^p(T, |m|)$ (resp. $\overline{\mathcal{L}}_F^p(T, |m|)$, $L_F^p(T, |m|)$) ; ce sont des espaces vectoriels complexes.

Pour que $\mathbf{f}$ soit m-intégrable (resp. essentiellement m-intégrable), il faut et il suffit que $\mathbf{f}$ soit intégrable (resp. essentiellement intégrable) par rapport à chacune des quatre mesures μ_1^+, μ_1^-, μ_2^+, μ_2^-, en vertu des inégalités entre $|m|$, $|\mu_1|$, $|\mu_2|$ et des relations $|\mu_k| = \mu_k^+ + \mu_k^-$ ($k = 1, 2$) (chap. V, § 3, n° 5, cor. 1 de la prop. 6).

Si $\mathbf{f}$ est essentiellement m-intégrable (resp. m-intégrable), $|\mathbf{f}|$ est essentiellement $|m|$-intégrable (resp. $|m|$-intégrable), et il résulte de la prop. 11 que

$$\left|\int \mathbf{f}dm\right| \leqslant \int |\mathbf{f}|\, d|m|. \tag{7}$$

Soient F et G deux espaces de Banach complexes, u une application linéaire continue de F dans G. Si $\mathbf{f}$ est une application essentiellement m-intégrable (resp. m-intégrable) de T dans F, $u \circ \mathbf{f}$ est essentiellement m-intégrable (resp. m-intégrable) et on a $\int (u \circ \mathbf{f})dm = u\left(\int \mathbf{f}dm\right)$; cela résulte aussitôt de ce qui précède et de la proposition analogue pour les fonctions essentiellement $|m|$-intégrables (chap. IV, § 4, n° 2, th. 1 et chap. V, § 2, n° 2, prop. 5).

Soient m une mesure complexe sur T et h une fonction complexe localement m-intégrable. Pour toute fonction $f \in \mathcal{K}_{\mathbf{C}}(\mathrm{T})$, la fonction fh est m-intégrable et l'application $f \to \int fhdm$ est une mesure complexe notée $h.m$ et appelée mesure *de densité* h par rapport à m. Si $m = g.|m|$, il est clair que $h.m = hg.|m|$; comme en outre $|g(t)| = 1$ localement presque partout pour $|m|$, pour que $\mathbf{f}$ soit essentiellement intégrable pour $n = h.m$, il faut et il suffit que $\mathbf{f}h$ soit essentiellement m-intégrable, et on a $\int \mathbf{f}dn = \int (\mathbf{f}h)dm$. De plus, on a $|h.m| = |h|.|m|$. On dit encore que toute mesure de la forme $h.m$ est une mesure complexe *de base* m ; deux mesures complexes m, m' sont dites *équivalentes* si chacune a une densité par rapport à l'autre, ou, ce qui revient au même, si $m' = h.m$, où h est localement m-intégrable et $h(t) \neq 0$ localement presque partout pour $|m|$. Il est clair que m et $|m|$

sont équivalentes, et que, pour que m et m' soient équivalentes, il faut et il suffit que $|m|$ et $|m'|$ le soient.

Si m et m' sont deux mesures complexes sur T, $\mathbf{f}$ une fonction à valeurs dans un espace de Banach complexe F, essentiellement intégrable (resp. intégrable) à la fois pour m et m', alors, quels que soient les nombres complexes λ et λ', $\mathbf{f}$ est essentiellement intégrable (resp. intégrable) pour $\lambda m + \lambda' m'$, et on a

$$\int \mathbf{f} d(\lambda m + \lambda' m') = \lambda \int \mathbf{f} dm + \lambda' \int \mathbf{f} dm'.$$

Cela résulte en effet du cor. de la prop. 11 du n° 7.

Il résulte en outre des définitions que l'on a

$$|\lambda m + \lambda' m'| \leqslant |\lambda| . |m| + |\lambda'| . |m'|.$$

On appelle *mesure conjuguée* d'une mesure complexe m la mesure complexe $\overline{m}$ définie par $\overline{m}(f) = \overline{m(\overline{f})}$ pour $f \in \mathcal{K}_{\mathbf{C}}(\mathrm{T})$. Si $m = \mu_1 + i\mu_2$, où μ_1 et μ_2 sont des mesures réelles, on a $\overline{m} = \mu_1 - i\mu_2$ et $|\overline{m}| = |m|$; si $m = h.|m|$, on a $\overline{m} = \overline{h}.|m|$. Si f est une fonction essentiellement m-intégrable (resp. m-intégrable) à valeurs complexes, $\overline{f}$ est essentiellement $\overline{m}$-intégrable (resp. $\overline{m}$-intégrable) et on a

$$\int \overline{f} d\overline{m} = \overline{\int f dm}.$$

Proposition 12. — *Soient m une mesure complexe sur* T, *p et q des exposants conjugués* (chap. IV, § 6, n° 4). *La forme bilinéaire $(f, g) \rightarrow \int fg dm$ est définie et continue dans le produit $\mathcal{L}^p_{\mathbf{C}}(m) \times \mathcal{L}^q_{\mathbf{C}}(m)$; on a $\left|\int fg dm\right| \leqslant \mathrm{N}_p(f)\mathrm{N}_q(g)$, et $\mathrm{N}_q(g)$ est la norme de la forme linéaire continue sur $\mathrm{L}^p_{\mathbf{C}}(m)$, déduite par passage au quotient de la forme linéaire $f \rightarrow \int fg dm$.*

En outre, si $1 \leqslant p < +\infty$, toute forme linéaire continue sur l'espace vectoriel complexe $\mathcal{L}^p_{\mathbf{C}}(m)$ est du type $f \rightarrow \int fg dm$, où g est une fonction de $\mathcal{L}^q_{\mathbf{C}}(m)$, dont la classe dans $\mathrm{L}^q_{\mathbf{C}}(m)$ est bien déterminée.

Comme $m = h.|m|$, où $|h(t)| = 1$ localement presque partout, la première assertion résulte aussitôt de l'inégalité de Hölder (chap. IV, § 6, n° 4, th. 2) ; la seconde découle de la prop. 3 du chap. IV, § 6, n° 4. Enfin, si u est une forme linéaire continue sur $\mathcal{L}^p_{\mathbf{C}}$, sa restriction au sous-espace (réel) $\mathcal{L}^p$ de $\mathcal{L}^p_{\mathbf{C}}$ est une application $\mathbf{R}$-linéaire continue de $\mathcal{L}^p$ dans $\mathbf{C}$; si $1 \leqslant p < +\infty$, elle est donc du type $f \to \int fg_1 d\,|m| + i\int fg_2 d\,|m|$, où g_1 et g_2 appartiennent à $\mathcal{L}^q$ (chap. V, § 5, n° 8, th. 4) ; d'où la dernière assertion en posant $g = (g_1 + ig_2)h^{-1}$.

9. *Mesures complexes bornées.*

Pour toute mesure complexe m sur T, on pose

$$\|m\| = \sup_{\|f\| \leqslant 1,\, f \in \mathcal{K}_{\mathbf{C}}(\mathrm{T})} |m(f)|.$$

On dit que m est *bornée* si $\|m\| < +\infty$; il revient au même de dire que m est continue sur $\mathcal{K}_{\mathbf{C}}(\mathrm{T})$ muni de la topologie de la convergence uniforme, donc se prolonge en une forme linéaire continue (de norme $\|m\|$) sur l'espace de Banach $\overline{\mathcal{K}_{\mathbf{C}}(\mathrm{T})}$ des fonctions continues complexes tendant vers 0 à l'infini.

Lemme 5. — *Soient m une mesure complexe sur* T, *f une fonction m-intégrable complexe. On a* $\int |f|\, d\,|m| = \sup \left| \int fh\,dm \right|$, *lorsque h parcourt l'ensemble des fonctions de* $\mathcal{K}_{\mathbf{C}}(\mathrm{T})$ *telles que* $|h(t)| \leqslant 1$ *pour tout* $t \in \mathrm{T}$.

Si $m = g.|m|$, on a $\int |f|\, d\,|m| = \int |fg|\, d\,|m|$ et $\int fh\,dm = \int fgh\,d\,|m|$. Posons $\zeta(t) = 0$ lorsque $f(t)g(t) = 0$, et

$$\zeta(t) = f(t)g(t) / |f(t)g(t)|$$

lorsque $f(t)g(t) \neq 0$; ζ est $|m|$-mesurable, et pour tout $\varepsilon > 0$, il existe donc une partie compacte K de T telle que $\int_{\mathrm{T}-\mathrm{K}} |f|\, d\,|m| \leqslant \varepsilon$, que la restriction de ζ à K soit continue et que $|\zeta(t)| = 1$ dans K. Il existe donc, en vertu du th. d'Urysohn, une fonction continue ζ_1 à valeurs complexes, définie dans T, telle que $\zeta_1 = \zeta$ dans K et que $|\zeta_1(t)| \leqslant 2$ et $\zeta_1(t) \neq 0$ pour tout $t \in \mathrm{T}$; si on pose $h(t) = \zeta_1(t)/|\zeta_1(t)|$, on voit que h est continue dans T, coïncide avec ζ dans K et est telle que $|h(t)| = 1$ pour tout $t \in$ T. Soit enfin u une application continue de T dans $[0,1]$, égale à 1 dans K et à support compact ; en posant $h_1 = h^{-1}u$, on a

$$\left|\int fh_1dm - \int |f|\,d|m|\right| \leqslant 2\int_{\mathrm{T-K}} |f|\,d|m| \leqslant 2\varepsilon$$

ce qui démontre le lemme.

PROPOSITION 13. — *Soient m une mesure complexe, et $\mu = |m|$. Pour que m soit bornée, il faut et il suffit que μ soit bornée, et on a alors $\|m\| = \|\mu\|$.*

On a $m = g\,.\,\mu$, où g est μ-mesurable telle que $|g(t)| = 1$ pour tout $t \in$ T. Si μ est bornée, on a, pour toute fonction $g \in \mathcal{K}_{\mathbf{C}}(\mathrm{T})$

$$|m(f)| = \left|\int fg d\mu\right| \leqslant \mathrm{N}_\infty(fg)\,\|\mu\| = \|f\|\,.\,\|\mu\|$$

donc m est bornée et $\|m\| \leqslant \|\mu\|$. Si m est bornée, on a, pour toute $f \in \mathcal{K}_{\mathbf{C}}(\mathrm{T})$, et compte tenu du lemme 5

$$|\mu(f)| \leqslant \|f\|\,.\,\|m\|$$

donc μ est bornée et $\|\mu\| \leqslant \|m\|$. D'où la proposition.

COROLLAIRE. — *Soit m une mesure complexe bornée. Toute fonction $\mathbf{f} \in \mathcal{L}^\infty_{\mathrm{F}}(m)$ est alors m-intégrable, et on a* $\left|\int \mathbf{f}dm\right| \leqslant \mathrm{N}_\infty(\mathbf{f})\,\|m\|$.

En effet, $\mathbf{f}$ est m-mesurable, et en posant $\mu = |m|$, on a

$$\int^* |\mathbf{f}|\,d\mu \leqslant \mathrm{N}_\infty(\mathbf{f})\,\|\mu\| = \mathrm{N}_\infty(\mathbf{f})\,\|m\|$$

donc $\mathbf{f}$ est $|m|$-intégrable (chap. IV, § 5, n° 6, th. 5) et

$$\left|\int \mathbf{f}dm\right| \leqslant \int |\mathbf{f}|\,d\mu \leqslant \mathrm{N}_\infty(\mathbf{f})\,\|m\|.$$

10. Image d'une mesure complexe ; mesure complexe induite ; produit de mesures complexes.

Soit m une mesure complexe sur T, et soit π une application de T dans un espace localement compact X. Nous dirons que π est *m-propre* si π est $|m|$-propre (chap. V, § 6, nº 1, déf. 1) ; il est alors immédiat que pour toute fonction $f \in \mathcal{K}_{\mathbf{C}}(\mathrm{X})$, la fonction $f \circ \pi$ est essentiellement m-intégrable et que l'on a

$$(8) \qquad \left|\int (f \circ \pi) dm\right| \leqslant \int |f \circ \pi| \, d|m| = \int |f| \, d(\pi(|m|))$$

donc l'application $f \to \int (f \circ \pi) dm$ est continue dans $\mathcal{K}_{\mathbf{C}}(\mathrm{X})$, autrement dit c'est une mesure complexe sur X, notée $\pi(m)$ et appelée *image* de m par π. En outre, il résulte de (8) que l'on a $|\pi(m)| \leqslant \pi(|m|)$. Si m et m' sont deux mesures complexes sur T et si π est à la fois m-propre et m'-propre, alors π est $(\lambda m + \lambda' m')$-propre quels que soient les scalaires complexes λ, λ', et on a $\pi(\lambda m + \lambda' m') = \lambda \pi(m) + \lambda' \pi(m')$.

Soit Y un sous-espace localement compact de T. Pour toute fonction $f \in \mathcal{K}_{\mathbf{C}}(\mathrm{Y})$, la fonction f' sur T, définie par $f'(t) = f(t)$ si $t \in \mathrm{Y}$ et $f'(t) = 0$ si $t \notin \mathrm{Y}$, est m-intégrable (chap. V, § 1, nº 1) ; il est immédiat que l'application $f \to \int f' dm$ est une mesure complexe sur Y, appelée *mesure induite* sur Y par m et notée m_{Y}. Si $m = g.|m|$, il est clair que $m_{\mathrm{Y}} = g_{\mathrm{Y}}.|m|_{\mathrm{Y}}$, où g_{Y} est la restriction à Y de la fonction g, qui est localement intégrable pour $|m|_{\mathrm{Y}}$ (chap. V, § 7, nº 1) ; en outre, comme $|g_{\mathrm{Y}}| = 1$ localement presque partout pour $|m|_{\mathrm{Y}}$ (chap. V, § 7, nº 1, cor. 1 de la prop. 1), on a $|m_{\mathrm{Y}}| = |m|_{\mathrm{Y}}$.

Soient T et T′ deux espaces localement compacts, m (resp m') une mesure complexe sur T (resp. T′). Posons $m = g.|m|$ et $m' = g'.|m'|$. La fonction $g \otimes g'$ est localement intégrable sur $\mathrm{T} \times \mathrm{T}'$ pour la mesure positive $|m| \otimes |m'|$ (chap. V, § 8, nº 2, cor. 5 de la prop. 5), et on vérifie aussitôt que lorsqu'on remplace g (resp. g') par une fonction g_1 (resp. g_1) égale à g (resp. g') localement presque partout pour $|m|$ (resp. $|m'|$), $g_1 \otimes g_1'$ est égale à $g \otimes g'$ localement presque partout pour $|m| \otimes |m'|$. La mesure complexe $(g \otimes g').(|m| \otimes |m'|)$ sur $\mathrm{T} \times \mathrm{T}'$ ne dépend donc que de m et m' ; on la note $m \otimes m'$ et on l'appelle la mesure *produit* de m et de m'. Comme $|g \otimes g'| = 1$ localement presque partout pour $|m| \otimes |m'|$ (chap. V, § 8, n° 2, cor. 8 de la prop. 5), on a $|m \otimes m'| = |m| \otimes |m'|$.

Le lecteur vérifiera aisément que toutes les propositions démontrées au chap. V relativement à l'image d'une mesure positive, à la mesure induite par une mesure positive ou au produit de mesures positives, à l'exception de celles où interviennent des intégrales supérieures ou des intégrales supérieures essentielles, restent valables lorsqu'on remplace les mesures positives par des mesures complexes quelconques.

Enfin, on définit comme au § 1 la notion de fonction *scalairement essentiellement m-intégrable* pour une mesure complexe m; pour qu'une fonction $\mathbf{f}$ ait cette propriété, il faut et il suffit que $\mathbf{f}$ soit scalairement essentiellement intégrable par rapport à $|\mu_1|$ et à $|\mu_2|$, où μ_1 et μ_2 sont les parties réelle et imaginaire de m, et on a alors $\int \mathbf{f} dm = \int \mathbf{f} d\mu_1 + i \int \mathbf{f} d\mu_2$. Nous laissons au lecteur le soin de transcrire pour les mesures complexes les résultats du § 1.

§ 3. Désintégration des mesures

1. *Désintégration d'une mesure μ relativement à une application μ-propre.*

Soit T un espace localement compact ayant une *base dénombrable* (en d'autres termes un espace localement compact *polonais* (*Top. gén.*, chap. IX, 2e éd., § 6, n° 1)). On sait que pour toute mesure positive sur T, les notions d'*intégrale* et d'*intégrale essentielle* coïncident (chap. V, § 2, n° 2, *Remarque* 1). D'autre part, on a les propriétés suivantes :

Lemme 1. — *Si* Y *est un espace localement compact ayant une base dénombrable, l'espace* $\mathcal{K}(Y)$ *contient une partie dénombrable partout dense. Plus précisément, il existe dans* $\mathcal{K}(Y)$ *une partie dénombrable* S *formée de fonctions* $\geqslant 0$, *telle que, pour toute fonction* $f \geqslant 0$

de $\mathcal{K}(Y)$, *il existe une suite de fonctions* $f_n \in S$ $(n \geqslant 0)$ *qui converge uniformément vers* f *et est telle que* $f_n \leqslant f_0$ *pour tout* $n \geqslant 0$.

En effet, Y est réunion d'une suite croissante (U_n) d'ensembles ouverts relativement compacts tels que $\overline{U}_n \subset U_{n+1}$ pour tout n (*Top. gén.*, chap. I, 2e éd., § 10, n° 11, prop. 19) ; l'espace $\mathcal{K}(Y)$ est réunion de la suite croissante des espaces de Banach $\mathcal{K}(Y, \overline{U}_n)$, et on sait que chacun de ces derniers est de type dénombrable (*Top. gén.*, chap. X, 2e éd., § 3, n° 4, th. 1). Soient S'_n un ensemble dénombrable dense dans $\mathcal{K}(Y, \overline{U}_n)$, S_n l'ensemble des fonctions φ^+ pour $\varphi \in S'_n$, u_n une fonction de $\mathcal{K}(Y, \overline{U}_{n+1})$, à valeurs dans $[0,1]$ et égale à 1 dans U_n. Nous prendrons pour S la réunion des S_n et de l'ensemble des mu_n pour m et n entiers $\geqslant 0$. Pour toute fonction $f \geqslant 0$ de $\mathcal{K}(Y)$, f a son support dans l'un des U_n, donc est limite uniforme d'une suite de fonctions $f_p \in S_n$ $(p \geqslant 1)$. Ces fonctions f_p sont uniformément majorées par un entier positif m, et il suffit de prendre $f_0 = mu_n$.

Lemme 2. — *Si* Y *est un espace localement compact ayant une base dénombrable, l'espace de Banach* $\overline{\mathcal{K}(Y)}$ *des fonctions numériques continues tendant vers* 0 *au point à l'infini est de type dénombrable.*

Ce lemme n'est autre que le cor. du th. 1 de *Top. gén.*, chap. X, 2e éd., § 3, n° 4. On peut observer qu'il résulte aussi du lemme 1 et du fait que la topologie de la convergence uniforme sur $\mathcal{K}(Y)$ est moins fine que la topologie limite inductive des topologies des sous-espaces $\mathcal{K}(Y, \overline{U}_n)$.

Lemme 3. — *Soient* T *et* X *deux espaces localement compacts à bases dénombrables,* μ *une mesure positive sur* T, $t \rightarrow \lambda_t$ *une famille de mesures positives sur* X. *Si l'application* $t \rightarrow \lambda_t$ *est scalairement* μ*-intégrable* (*pour la topologie* $\sigma(\mathcal{M}(X), \mathcal{K}(X))$), *alors la famille* $t \rightarrow \lambda_t$ *est* μ*-adéquate* (chap. V, § 3, n° 1, déf. 1).

En effet, le lemme 1, appliqué à $\mathcal{K}(X)$, montre que l'application $t \rightarrow \lambda_t$ est vaguement μ-mesurable (§ 1, n° 5, prop. 13).

Théorème 1. — *Soient* T *et* B *deux espaces localement compacts ayant des bases dénombrables,* μ *une mesure positive sur* T, p *une application* μ*-propre* (chap. V, § 6, n° 1, déf. 1) *de* T *dans* B, *et* $\nu = p(\mu)$ *l'image de* μ *par* p. *Il existe alors une famille* ν*-adéquate* (chap. V, § 3, n° 1, déf. 1) $b \to \lambda_b$ $(b \in \mathrm{B})$ *de mesures positives sur* T, *ayant les propriétés suivantes :*

a) $\|\lambda_b\| = 1$ *pour tout* $b \in p(\mathrm{T})$;

b) λ_b *est concentrée sur l'ensemble* $p^{-1}(b)$ (chap. V, § 5, n° 7, déf. 4) *pour tout* $b \in \mathrm{B}$; *en particulier*, $\lambda_b = 0$ *pour* $b \notin p(\mathrm{T})$;

c) *on a* $\mu = \int \lambda_b d\nu(b)$.

En outre, si $b \to \lambda'_b$ $(b \in \mathrm{B})$ *est une seconde famille* ν*-adéquate de mesures positives sur* T *ayant les propriétés* b) *et* c), *on a* $\lambda'_b = \lambda_b$ *presque partout dans* B *pour la mesure* ν.

1) *Unicité*. Pour toute fonction $f \in \mathcal{K}(\mathrm{B})$, $f \circ p$ est μ-intégrable puisque p est μ-propre (chap. V, § 6, n° 2, th. 1) ; pour toute fonction $g \in \mathcal{K}(\mathrm{T})$, la fonction $t \to g(t)f(p(t))$ est donc μ-intégrable. Il en résulte (chap. V, § 3, n° 4, th. 1) que, pour presque tout $b \in \mathrm{B}$, la fonction $t \to g(t)f(p(t))$ est λ_b-intégrable et que l'on a

$$(1) \qquad \int g(t)f(p(t))d\mu(t) = \int d\nu(b) \int g(t)f(p(t))d\lambda_b(t).$$

Mais puisque λ_b est concentrée sur $\overset{-1}{p}(b)$, on a, pour tout $b \in \mathrm{B}$, $f(p(t)) = f(b)$ presque partout pour λ_b, donc le second membre de (1) est égal à $\int f(b)\langle g, \lambda_b\rangle d\nu(b)$. On a une formule analogue pour λ'_b ; par suite $\int f(b)\langle g, \lambda_b\rangle d\nu(b) = \int f(b)\langle g, \lambda'_b\rangle d\nu(b)$ pour toute $f \in \mathcal{K}(\mathrm{B})$ et toute $g \in \mathcal{K}(\mathrm{T})$. Autrement dit, les deux applications $b \to \lambda_b$ et $b \to \lambda'_b$ de B dans $\mathcal{M}(\mathrm{T})$ sont égales scalairement localement presque partout pour ν, donc égales presque partout pour ν (lemme 1 et § 1, n° 1, *Remarque* 2).

2. *Définition provisoire de la famille* $b \to \lambda_b$. Pour toute fonction $f \in \mathcal{L}^1(\nu)$, $f \circ p$ est μ-intégrable (chap. V, § 6, n° 2, th. 1), donc $(f \circ p) . \mu$ est une mesure bornée sur T et l'on a

$$\|(f \circ p) . \mu\| = \int |f \circ p| \, d\mu = \int |f| \, d\nu = \mathrm{N}_1(f)$$

(chap. IV, § 4, nº 7, prop. 12 ; chap. V, § 5, nº 3, th. 1 et § 6, nº 2, th. 1). Il en résulte que $(f \circ p).\mu$ ne dépend que de la classe $\tilde{f}$ de f dans $L^1(\nu)$ et que $\tilde{f} \to (f \circ p).\mu$ est une application linéaire *isométrique* de $L^1(\nu)$ dans l'espace de Banach $\mathcal{M}^1(T)$ des mesures bornées sur T, dual fort de l'espace de Banach $\overline{\mathcal{K}(T)}$, qui est de type dénombrable (lemme 2). D'après le th. de Dunford-Pettis (§ 2, nº 5, cor. 2 du th. 1) il existe une application $b \to \lambda_b$ de B dans la boule unité de $\mathcal{M}^1(T)$, scalairement ν-mesurable (pour la topologie $\sigma(\mathcal{M}^1(T), \overline{\mathcal{K}(T)})$) et telle que, pour toute fonction $f \in \mathcal{L}^1(\nu)$, on ait

$$(2) \qquad (f \circ p) \,.\, \mu = \int f(b)\lambda_b d\nu(b)$$

ce qui s'écrit encore, pour toute fonction $g \in \overline{\mathcal{K}(T)}$

$$(3) \qquad \int g(t)f(p(t))d\mu(t) = \int f(b)d\nu(b) \int g(t)d\lambda_b(t).$$

Si $f \geqslant 0$ et $g \geqslant 0$, le premier membre de (3) est $\geqslant 0$, ce qui prouve que pour toute fonction $g \geqslant 0$ de $\mathcal{K}(T)$, la mesure $\left(\int g(t)d\lambda_b(t)\right).\nu$ est $\geqslant 0$, donc que $\int g(t)d\lambda_b(t) \geqslant 0$ sauf lorsque b appartient à un ensemble ν-négligeable $N(g)$ (chap. V, § 5, nº 4, cor. 3 de la prop. 4). Or, il existe une suite partout dense (g_n) dans l'espace $\mathcal{K}_+(T)$ des fonctions $\geqslant 0$ de $\mathcal{K}(T)$ (lemme 1). La réunion N des $N(g_n)$ est ν-négligeable et pour $b \notin N$ on a $\int g_n(t)d\lambda_b(t) \geqslant 0$ pour tout n, donc $\int g(t)d\lambda_b(t) \geqslant 0$ pour toute fonction $g \in \mathcal{K}_+(T)$, autrement dit $\lambda_b \geqslant 0$.

Cela étant, on peut remplacer λ_b par 0 pour tout $b \in N$ sans modifier la validité de (3) ; nous pouvons donc supposer cette modification faite, autrement dit que l'on a $\lambda_b \geqslant 0$ pour tout $b \in B$.

3) *Extensions de la formule* (3).

α) Pour toute fonction $f \in \mathcal{L}^1(\nu)$, il résulte de (3) que l'application $b \to \lambda_b$ de B dans $\mathcal{M}(T)$ est scalairement intégrable pour la mesure $|f.\nu|$ et pour la topologie $\sigma(\mathcal{M}(T), \mathcal{K}(T))$, donc (lemme 3) la famille $b \to \lambda_b$ est $|f.\nu|$-*adéquate.* Soit alors g une fonction numérique définie dans T, intégrable pour la mesure $|(f \circ p).\mu|$, c'est-à-dire (chap. V, § 5, n° 3, th. 1) telle que $t \to g(t)f(p(t))$ soit μ-intégrable ; il résulte alors de (2), du th. 1 du chap. V, § 3, n° 4 et du th. 1 du chap. V, § 5, n° 3 que, pour presque tout $b \in B$, g est intégrable pour λ_b, que la fonction (définie presque partout) $b \to \int g(t)d\lambda_b(t)$ est intégrable pour $|f.\nu|$ et que la formule (3) est encore valable.

β) Pour toute fonction $g \in \overline{\mathcal{K}(T)}$, il résulte de (3), appliquée à $f \in \mathcal{K}(B)$, que l'application p est propre pour la mesure $|g.\mu|$ (chap. V, § 6, n° 1, déf. 1) et que l'image par p de la mesure $g.\mu$ est la mesure de densité $b \to \int g(t)d\lambda_b(t)$ par rapport à ν. Si alors on prend pour f une fonction telle que $f \circ p$ soit intégrable pour la mesure $|g.\mu|$, c'est-à-dire telle que $t \to g(t)f(p(t))$ soit μ-intégrable (chap. V, § 5, n° 3, th. 1), la formule (3) est encore valable (chap. V, § 6, n° 2, th. 1).

4) *Propriétés de la famille* $b \to \lambda_b$. D'après la propriété β), on peut appliquer la formule (3) en prenant $f = 1$, $g \in \mathcal{K}(T)$; cela prouve que $b \to \lambda_b$ est scalairement ν-intégrable (pour la topologie $\sigma(\mathcal{M}(T), \mathcal{K}(T))$), donc ν-*adéquate* (lemme 3) et que l'on a $\mu = \int \lambda_b d\nu(b)$.

Soit maintenant ψ une fonction quelconque de $\mathcal{K}(B)$; les conditions de la propriété α) sont remplies en prenant $f \in \mathcal{K}(B)$ et $g = \psi \circ p$, car la fonction $\psi(p(t))f(p(t))$ est μ-intégrable puisque $f\psi$ appartient à $\mathcal{K}(B)$ et que p est μ-propre. Alors, $\psi \circ p$ est λ_b-intégrable pour presque tout $b \in B$ et on a

$$\int f(p(t))\psi(p(t))d\mu(t) = \int f(b)d\nu(b) \int \psi(p(t))d\lambda_b(t) ;$$

mais le premier membre est par définition $\int f(b)\psi(b)d\nu(b)$. On voit donc que, pour toute fonction $\psi \in \mathcal{K}(B)$, la mesure $\psi.\nu$ et la mesure de densité $b \to \int \psi(p(t))d\lambda_b(t)$ sont identiques. Par suite (chap. V,

§ 5, n° 4, cor. de la prop. 4), il existe un ensemble ν-négligeable $N'(\psi)$ tel que, pour tout $b \notin N'(\psi)$, la fonction $\psi \circ p$ soit λ_b-intégrable et que $\psi(b) = \int \psi(p(t))d\lambda_b(t)$.

Soit S un ensemble dénombrable de $\mathcal{K}(B)$ possédant les propriétés énoncées au lemme 1 (avec $Y = B$), et soit N' l'ensemble ν-négligeable réunion des $N'(\psi)$ pour $\psi \in S$. Toute fonction $\psi \geqslant 0$ de $\mathcal{K}(B)$ est limite uniforme d'une suite (ψ_n) d'éléments de S avec $\psi_n \leqslant \psi_0$. Par suite, pour $b \notin N'$, le th. de Lebesgue montre que, d'une part $\psi \circ p$ est λ_b-intégrable, autrement dit que p est λ_b-propre, et d'autre part que $\psi(b) = \int \psi(p(t))d\lambda_b(t)$. En d'autres termes, les applications $b \to \varepsilon_b$ et $b \to p(\lambda_b)$ de B dans $\mathcal{M}(B)$ (cette dernière définie presque partout) sont scalairement presque partout égales pour ν (et pour la topologie $\sigma(\mathcal{M}(B), \mathcal{K}(B))$) ; on en conclut que ces applications sont égales presque partout pour ν (lemme 1 et § 1, n° 1, *Remarque* 2). Enfin, si $p(\lambda_b) = \varepsilon_b$, l'ensemble $B - \{b\}$ est ε_b-négligeable, donc l'ensemble $T - \overset{-1}{p}(b)$ est λ_b-négligeable (chap. V, § 6, n° 2, cor. de la prop. 2), autrement dit λ_b est concentrée sur $\overset{-1}{p}(b)$; et d'autre part on a $\|\lambda_b\| = \int d\lambda_b = \int d(p(\lambda_b)) = \|\varepsilon_b\| = 1$ (chap. V, § 6, n° 2, th. 1).

5) *Modifications finales de la famille* $b \to \lambda_b$. Nous avons donc défini une famille ν-adéquate $b \to \lambda_b$ de mesures $\geqslant 0$ sur T, vérifiant la condition *c*) de l'énoncé et telle que, pour presque tout $b \in B$, p soit λ_b-propre, λ_b soit concentrée sur $\overset{-1}{p}(b)$ et de norme 1. Soit N'' l'ensemble ν-négligeable des points $b \in B$ où l'une des trois dernières propriétés n'est pas vérifiée ; on peut alors modifier λ_b de la façon suivante. Si $b \in B - p(T)$, on prend $\lambda_b = 0$; si $b \in p(T) \cap N''$, on prend $\lambda_b = \varepsilon_{\xi(b)}$, où $\xi(b)$ est un point quelconque de $\overset{-1}{p}(b)$. Comme $B - p(T)$ est ν-négligeable (chap. V, § 6, n° 2, cor. 3 de la prop. 2), on n'a modifié λ_b qu'aux points d'un ensemble négligeable et par suite la famille $b \to \lambda_b$ est encore ν-adéquate et vérifie la propriété *c*) ; en outre, elle vérifie maintenant *a*) et *b*), ce qui termine la démonstration.

On dit que toute famille ν-adéquate $b \to \lambda_b$ de mesures positives sur T, ayant les propriétés *b*) et *c*) du th. 1, est une *désintégration* de la mesure μ, relative à l'application μ-propre p.

2. *Mesures pseudo-images.*

Définition 1. — *Soient* T *et* B *deux espaces localement compacts,* μ *une mesure positive sur* T, p *une application* μ*-mesurable de* T *dans* B. *On dit qu'une mesure positive* ν *sur* B *est une mesure pseudo-image de* μ *par* p *si elle vérifie la condition suivante : pour qu'une partie* N *de* B *soit localement* ν*-négligeable, il faut et il suffit que* $\overset{-1}{p}(\mathrm{N})$ *soit localement* μ*-négligeable.*

Exemples. — 1) Si p est μ-propre et si $\nu = p(\mu)$, ν est pseudo-image de μ par p (chap. V, § 6, n° 2, cor. 2 de la prop. 2).

2) Soient B′ un espace localement compact, ν' une mesure positive sur B′ ; prenons pour T l'espace B × B′ et pour μ la mesure $\nu \otimes \nu'$; si p est la projection de T sur B, ν est pseudo-image de μ par p (chap. V, § 8, n° 2, cor. 8 de la prop. 5 et n° 1 , cor. de la prop. 2).

On notera que si ν est une mesure pseudo-image de μ par p, ν est portée par $p(\mathrm{T})$.

Si ν est pseudo-image de μ par p, l'ensemble des mesures pseudo-images de μ par p est la classe des mesures positives équivalentes à ν, et toute mesure positive équivalente à μ admet les mêmes mesures pseudo-images par p. On dit que la classe de ν est *la classe pseudo-image* de celle de μ par p.

Proposition 1. — *Soient* T *un espace localement compact dénombrable à l'infini,* μ *une mesure positive sur* T, p *une application* μ*-mesurable de* T *dans un espace localement compact* B. *Il existe alors une mesure pseudo-image de* μ *par* p.

En effet, il existe sur T une mesure *bornée* μ' équivalente à μ (chap. V, § 6, n° 5, prop. 11) ; p est alors μ'-propre.

3. *Désintégration d'une mesure* μ *relative à une pseudo-image de* μ.

THÉORÈME 2. — *Soient* T *et* B *deux espaces localement compacts ayant des bases dénombrables,* μ *une mesure positive sur* T, p *une application* μ*-mesurable de* T *dans* B, ν *une mesure pseudo-image de* μ *par* p. *Il existe alors une famille* ν*-adéquate* $b \to \lambda_b$ $(b \in \mathrm{B})$ *de mesures positives sur* T, *ayant les propriétés suivantes :*

a) $\lambda_b \neq 0$ *pour* $b \in p(\mathrm{T})$;

b) λ_b *est concentrée sur l'ensemble* $\overset{-1}{p}(b)$ *pour tout* $b \in \mathrm{B}$; *en particulier* $\lambda_b = 0$ *pour* $b \notin p(\mathrm{T})$;

c) *on a* $\mu = \int \lambda_b d\nu(b)$.

En outre, si $\nu' = r.\nu$ *est une seconde mesure pseudo-image de* μ *par* p, *et si* $b \to \lambda'_b$ *est une famille* ν'*-adéquate de mesures positives sur* T, *ayant les propriétés* b) *et* c) *par rapport à* ν', *on a, presque partout dans* B (*pour* ν *ou* ν'), $\lambda_b = r(b)\lambda'_b$.

En effet, il existe une fonction numérique continue et finie f définie dans T, telle que $f(t) > 0$ pour tout $t \in \mathrm{T}$ et que $\mu'' = f.\mu$ soit bornée (chap. V, § 5, n° 6, prop. 11). Soit $\nu'' = p(\mu'')$, qui est équivalente à ν, et posons $\nu'' = g.\nu$, g étant finie et localement ν-intégrable ; on peut en outre supposer $g(b) > 0$ pour tout $b \in \mathrm{B}$ (chap. V, § 5, n° 6, prop. 10). Le th. 1 du n° 1, appliqué à μ'' et ν'', montre qu'il existe une famille ν''-adéquate $b \to \lambda''_b$ $(b \in \mathrm{B})$ de mesures positives sur T, telles que : 1) $\|\lambda''_b\| = 1$ pour $b \in p(\mathrm{T})$; 2) λ''_b est concentrée sur $\overset{-1}{p}(b)$ pour tout $b \in \mathrm{B}$; 3) $\mu'' = \int \lambda''_b d\nu''(b)$.

Pour tout $b \in \mathrm{B}$, définissons une mesure positive λ_b sur T par la formule $\lambda_b = (1/f).(g(b)\lambda_b')$. Il est clair que la famille $b \to \lambda_b$ possède les propriétés *a*) et *b*) de l'énoncé. D'autre part, pour toute fonction $h \in \mathcal{K}(\mathrm{T})$, h/f appartient à $\mathcal{K}(\mathrm{T})$, donc on a

$$\int h(t)d\mu(t) = \int (h(t)/f(t))d\mu''(t) = \int d\nu''(b) \int (h(t)/f(t))d\lambda''_b(t).$$

Mais comme la fonction $b \to \int (h(t)/f(t))d\lambda''_b(t)$ est ν''-intégrable, la fonction $b \to g(b) \int (h(t)/f(t))d\lambda''_b(t)$ est ν-intégrable (chap. V, § 5, n° 3, th. 1). Par définition de λ_b, cette fonction est $b \rightarrow \int h(t)d\lambda_b(t)$, d'où $\int h(t)d\mu(t) = \int d\nu(b) \int h(t)d\lambda_b(t)$ (*loc. cit.*) ce qui prouve que $\mu = \int \lambda_b d\nu(b)$.

Pour établir la seconde partie de l'énoncé, remarquons qu'on peut supposer $r(b) > 0$ pour tout $b \in \mathrm{B}$ (chap. V, § 5, n° 6, prop. 10); posons $\lambda_b''' = f.((r(b)/g(b))\lambda_b')$; comme ci-dessus, on montre que, pour toute fonction $h \in \mathcal{K}(\mathrm{T})$, la relation

$$\int h(t)d\mu(t) = \int d\nu'(b) \int h(t)d\lambda_b'(t)$$

entraîne

$$\int h(t)d\mu(t) = \int d\nu'(b) \int (h(t)/f(t))d\lambda_b'''(t).$$

Le th. 1 du n° 1, appliqué à μ'' et ν'', entraîne donc, pour presque tout $b \in \mathrm{B}$, $\lambda_b''' = \lambda_b''$, d'où $\lambda_b = r(b)\lambda_b'$.

Définition 2. — *Soient* T *et* B *deux espaces localement compacts polonais. Etant données une mesure positive* μ *sur* T, *une application* μ*-mesurable* p *de* T *dans* B, *une mesure pseudo-image* ν *de* μ *par* p, *toute famille* ν*-adéquate* $b \rightarrow \lambda_b$ ($b \in \mathrm{B}$) *de mesures positives sur* T *possédant les propriétés* b) *et* c) *du th.* 2 *est appelée une désintégration de* μ *relative à* ν.

Lorsque p est μ-propre et que $\nu = p(\mu)$, la notion de désintégration relative à p coïncide donc avec la notion de désintégration relative à ν. Sous les hypothèses du th. 2, deux désintégrations de μ relatives à la même mesure pseudo-image ν sont égales presque partout pour ν.

Remarque. — Le th. 1 du chap. V, § 3, n° 4, montre (compte tenu de ce que T et B ont des bases dénombrables) que pour toute fonction $\mathbf{f}$ définie dans T, à valeurs dans $\overline{\mathbf{R}}$ ou dans un espace de Banach F et μ-intégrable, l'ensemble des $b \in \mathrm{B}$ tels que $\mathbf{f}$ ne soit pas λ_b-intégrable est ν-négligeable, la fonction $b \to \int \mathbf{f}(t)d\lambda_b(t)$, définie presque partout, est ν-intégrable, et l'on a

$$\int \mathbf{f}(t)d\mu(t) = \int d\nu(b) \int \mathbf{f}(t)d\lambda_b(t).$$

On a un résultat analogue pour les fonctions scalairement μ-intégrables en appliquant la prop. 3 du § 1, n° 1.

4. *Relations d'équivalence mesurables.*

Étant donné un espace topologique X et une relation d'équivalence R dans X, nous dirons que R est *séparée* si l'espace quotient X/R est séparé.

Rappelons (*Top. gén.*, chap. I, 2e éd., § 9, n° 9, th. 2) que si R est une relation d'équivalence *ouverte*, il revient au même de dire que le graphe de R dans X × X est fermé.

Soit p une application de X dans un espace topologique séparé B, et soit R la relation d'équivalence $p(x) = p(y)$ dans X ; si K est une partie *compacte* de X telle que la restriction de p à K soit *continue*, la relation R_K induite par R sur K est séparée, car l'espace quotient K/R_K est homéomorphe à l'espace $p(K)$, qui est compact (*Top. gén.*, chap. I, 2e éd., § 10, n° 6, cor. 1 de la prop. 8). Si T est un espace localement compact, μ une mesure positive sur T, p une application μ-mesurable de T dans un espace topologique séparé B, on voit donc que l'ensemble des parties compactes K de T telles que la relation R_K soit séparée, est μ-dense (chap. V, § 1, n° 2.) On est donc conduit à poser la définition suivante :

DÉFINITION 3. — *Soient* T *un espace localement compact,* μ *une mesure positive sur* T. *On dit qu'une relation d'équivalence* R *dans* T *est* μ*-mesurable si l'ensemble des parties compactes* K *de* T, *telles que* R_K *soit séparée, est* μ*-dense.*

Si R est séparée, R est μ-mesurable, car si φ est l'application canonique de T sur l'espace topologique séparé T/R, φ est continue et R est équivalente à $\varphi(x) = \varphi(y)$. De même, si R est telle que le saturé pour R de toute partie compacte de T soit fermé (et en particulier si R est une relation d'équivalence *fermée*), R est μ-mesurable, car pour toute partie compacte K de T, la relation R_K est fermée, donc séparée (*Top. gén.*, chap. I, 2e éd., § 10, n° 6, prop. 8).

On notera que, si R est μ-mesurable, R est aussi mesurable pour toute mesure de base μ sur T.

Proposition 2. — *Soient* T *un espace localement compact dénombrable à l'infini,* μ *une mesure positive sur* T.

1) *Pour toute relation d'équivalence* μ*-mesurable* R *sur* T, *il existe un espace localement compact* B *et une application* μ*-mesurable* p *de* T *dans* B *telle que* R *soit équivalente à la relation* $p(x) = p(y)$.

2) *Si en outre* T *admet une base dénombrable, on peut supposer que* B *admet une base dénombrable.*

Comme T est dénombrable à l'infini, il existe une suite croissante $(K_n)_{n \geqslant 1}$ de parties compactes de T telles que T soit réunion des K_n et d'un ensemble μ-négligeable N, et que chacune des relations R_{K_n} soit séparée. Soit B_n l'espace quotient K_n/R_{K_n}, qui est compact, et soit B'_n l'espace compact somme topologique de B_n et d'un point a_n. Soit q_n l'application canonique de K_n sur B_n ; on prolonge q_n en une application p_n de T dans B'_n de la façon suivante : si $x \in T$ est congru mod. R à un élément $y \in K_n$, on pose $p_n(x) = q_n(y)$; dans le cas contraire, on pose $p_n(x) = a_n$. Soit B' l'espace produit $\prod_{n=1}^{\infty} B'_n$, qui est compact, et soit p' l'application $x \to (p_n(x))$ de T dans B'. Montrons que p' est μ*-mesurable* : il suffit (chap. IV, § 5, n° 3, th. 1) de prouver que chacune des applications p_n est mesurable, et pour cela il suffit que la restriction de p_n à chaque K_m soit mesurable. Or cela est évident si $m \leqslant n$; si au contraire $m > n$, soit K_{nm} le saturé de K_n pour R_{K_m}, qui est une partie compacte de K_m (*Top. gén.*, chap. I, 2e éd., § 10, n° 4, th. 2) ; comme p_n est constant dans $K_m - K_{nm}$, il suffit de prouver que la restriction de p_n à K_{nm} est continue, ce qui est évident à cause de l'isomorphisme canonique entre $K_{nm}/R_{K_{nm}}$ et K_n/R_{K_n} (*Top. gén.*, chap. I, § 10, n° 6, cor. 2 de la prop. 8).

Soit A le saturé de $\bigcup_n K_n$ pour la relation R, et soit

$N' = T - A \subset N$. Nous allons voir que la relation $p'(x) = p'(y)$ est équivalente à la relation « $R\{x, y\}$ ou $(x, y) \in N' \times N'$ ». En effet, si on a $R\{x, y\}$, on a $p_n(x) = p_n(y)$ quel que soit n, donc $p'(x) = p'(y)$; et si $x \in N'$, $y \in N'$, on a $p_n(x) = p_n(y) = a_n$ quel que soit n, donc $p'(x) = p'(y)$. Si d'autre part x et y sont dans A et ne sont pas congrus mod. R, il existe un entier n, un élément $x' \in K_n$ (resp. $y' \in K_n$) congru mod. R à x (resp. y) tels que x' ne soit pas congru à y' mod. R_{K_n} ; on a donc $p_n(x) \neq p_n(y)$ et par suite $p'(x) \neq p'(y)$. Enfin, si $x \in N'$ et $y \in A$, on a $p_n(y) \in B_n$ pour n assez grand et $p_n(x) = a_n$ pour tout n, donc $p'(x) \neq p'(y)$, ce qui établit notre assertion.

Considérons alors l'ensemble quotient $B_0 = N'/R_N$; soient q_0 l'application canonique de N' sur B_0, s_0 une section associée à q_0. Posons $p_0(x) = s_0(q_0(x))$ pour $x \in N'$ et prolongeons p_0 à T en prenant p_0 constante dans A et égale à un élément de T. Alors $p = (p', p_0)$ est une application μ-mesurable de T dans l'espace localement compact $B = B' \times T$; il est immédiat que si $x \in N'$, $y \in N'$, la relation $p_0(x) = p_0(y)$ entraîne $R\{x, y\}$; donc p répond à la question. En outre, si T admet une base dénombrable, il en est de même de chacun des espaces quotients B_n (*Top. gén.*, chap. IX, 2e éd., § 2, nº 10, prop. 17), donc B' admet une base dénombrable, et par suite aussi B.

Proposition 3. — *Soient* T *un espace localement compact polonais,* μ *une mesure positive sur* T, R *une relation d'équivalence dans* T. *Les propriétés suivantes sont équivalentes* :

a) R *est* μ*-mesurable.*

b) *Il existe une suite d'applications* $p_n : T \to F_n$ *dans des espaces topologiques séparés, telle que chaque* p_n *soit* μ*-mesurable et que la relation* $R\{x, y\}$ *soit équivalente à « quel que soit* n, $p_n(x) = p_n(y)$ ».

c) *Il existe une suite* (A_n) *d'ensembles* μ*-mesurables, saturés pour* R, *et tels que, pour tout* $x \in T$, *la classe de* x *suivant* R *soit l'intersection de ceux des* A_n *qui contiennent* x.

Avec les notations de l'énoncé de b), posons $p(x) = (p_n(x))$; la propriété b) signifie que l'application p de T dans l'espace produit $\prod_n F_n$ est mesurable (chap. IV, § 5, nº 3, th. 1) et que la relation $R\{x, y\}$ est équivalente à $p(x) = p(y)$; donc b) entraîne a).

Montrons ensuite que *c*) entraîne *b*). Supposons *c*) vérifiée ; alors les fonctions caractéristiques φ_{A_n} sont μ-mesurables, et l'hypothèse *c*) signifie que la relation $R\{x, y\}$ est équivalente à « quel que soit n, $\varphi_{A_n}(x) = \varphi_{A_n}(y)$ ».

Enfin, montrons que *a*) entraîne *c*). En vertu de la prop. 2, il existe un espace localement compact à base dénombrable B et une application μ-mesurable p de T dans B telle que la relation $R\{x, y\}$ soit équivalente à $p(x) = p(y)$. Soit (U_n) une base dénombrable de la topologie de B. Les ensembles $A_n = \overset{-1}{p}(U_n)$ sont μ-mesurables (chap. IV, § 5, n° 5, prop. 8) et saturés pour R ; et si x, y sont des points de T tels que $p(x) \neq p(y)$, il existe un indice n tel que $p(x) \in U_n$ et $p(y) \notin U_n$, ce qui signifie que $x \in A_n$ et $y \notin A_n$.

Remarque. — Si R est une relation d'équivalence μ-mesurable dans T, le saturé pour R d'une partie compacte de T n'est pas nécessairement μ-mesurable (exerc. 5).

THÉORÈME 3. — *Soient* T *un espace localement compact ayant une base dénombrable,* μ *une mesure positive sur* T, R *une relation d'équivalence* μ*-mesurable dans* T. *Il existe alors une partie* μ*-mesurable* S *de* T *qui rencontre toute classe suivant* R *en un point et un seul* (« *section mesurable* » *pour* R).

On peut évidemment supposer que la mesure μ est bornée et que $\mu(T) \leqslant 1$ (chap. V, § 5, n° 6, prop. 11). Nous allons définir une suite (S_n) de parties *boréliennes* (*Top. gén.*, chap. IX, 2e éd., § 6, n° 3) telles que toute classe d'équivalence suivant R rencontre la réunion S' des S_n en un point au plus, que pour tout n le saturé T_n de la réunion des S_p d'indice $p \leqslant n$ soit μ-mesurable, et que l'on ait $\mu(T - T_n) \leqslant 1/2^n$. Le saturé T' de S' sera donc μ-mesurable et $N = T - T'$ de mesure nulle. Si S'' est une section quelconque de N pour la relation R_N, $S = S' \cup S''$ répondra à la question, car S', étant borélien, est μ-mesurable (*Top. gén.*, chap. IX, 2e éd., § 6, n° 9, th. 5, et n° 3, prop. 11), et S'' est de mesure nulle.

En vertu de la prop. 2, $R\{x, y\}$ est équivalente à la relation $p(x) = p(y)$, où p est une application μ-mesurable de T dans un espace localement compact F. Supposons les S_k définis pour $k \leqslant n$. Comme $T - T_n$ est μ-mesurable et de mesure $\leqslant 1/2^n$, il existe dans

$T - T_n$ une partie compacte K telle que $\mu(T - (T_n \cup K)) \leqslant 1/2^{n+1}$ et que la restriction de p à K soit continue. Comme la relation induite R_K est fermée et que K est métrisable, on sait qu'il existe une partie borélienne S_{n+1} de K telle que, dans K, tout point soit congru (mod. R) à un point et un seul de S_{n+1} (*Top. gén.*, chap. IX, 2e éd., § 6, no 8, th. 4). On a donc $p(S_{n+1}) = p(K)$, ensemble qui est compact dans F ; le saturé de S_{n+1} pour R est l'image réciproque $\overset{-1}{p}(p(K))$, qui est donc μ-mesurable (chap. IV, § 5, no 5, prop. 8) ; il est clair que cet ensemble contient K, donc la réunion T_{n+1} de T_n et de $\overset{-1}{p}(p(K))$ est μ-mesurable, saturée pour R et telle que $\mu(T - T_{n+1}) \leqslant 1/2^{n+1}$, ce qui achève la démonstration.

5. *Désintégration d'une mesure par une relation d'équivalence mesurable.*

Soient T un espace localement compact polonais, μ une mesure positive sur T, R une relation d'équivalence μ-mesurable dans T. Il existe alors (no 4, prop. 2) un espace localement compact polonais B et une application μ-mesurable p de T dans B, tels que la relation $p(x) = p(y)$ soit équivalente à $R\{x, y\}$. Toute mesure pseudo-image ν de μ par p (no 2) sera dite une *mesure quotient de* μ *par la relation* R ; si $b \to \lambda_b$ est une désintégration de μ relative à la mesure ν, on dira que $b \to \lambda_b$ est une *désintégration de* μ *par la relation* R. En vertu des propriétés de p et des λ_b, chacune des mesures λ_b est concentrée sur une classe d'équivalence suivant R, et si $b \neq c$, les mesures λ_b et λ_c sont concentrées sur des classes distinctes.

L'espace B, l'application p et la mesure pseudo-image ν sur B peuvent en général être choisis d'une infinité de façons. Toutefois les diverses désintégrations de μ par R peuvent toutes se déduire de l'une d'entre elles, comme il résulte du théorème suivant :

THÉORÈME 4. — *Soient* T *un espace localement compact polonais,* μ *une mesure positive sur* T, R *une relation d'équivalence* μ*-mesurable dans* T. *Soient* B, B′ *deux espaces localement compacts polonais,* p, p' *deux applications* μ*-mesurables de* T *dans* B, B′ *respectivement, tels que* $R\{x, y\}$ *soit équivalente à* $p(x) = p(y)$ *et à*

$p'(x) = p'(y)$. *Soient* ν, ν' *des mesures pseudo-images de* μ *par* p, p' *respectivement ; soient* $b \to \lambda_b$, $b' \to \lambda'_{b'}$, *des désintégrations de* μ *relatives à* ν, ν' *respectivement.*

Dans ces conditions, il existe dans B (resp. B′) *un ensemble* N (resp. N′) *négligeable pour* ν (resp. ν') *et une bijection* f *de* B − N *sur* B′ − N′, *tels que l'on ait les propriétés suivantes :*

a) *L'application* f (*définie presque partout dans* B) *est* ν-*mesurable et son application réciproque* f' *est* ν'-*mesurable ; toute mesure pseudo-image de* ν (resp. ν') *par* f (resp. f') *est équivalente à* ν' (resp. ν).

b) *Pour tout* $b \in \mathrm{B} - \mathrm{N}$, *la mesure* $\lambda'_{f(b)}$ *sur* T *est de la forme* $r(b)\lambda_b$, *où* $r(b) \neq 0$ *et* r *est localement* ν-*intégrable.*

Pour établir *a*), on peut se limiter au cas où ν et ν' sont des mesures *bornées* (chap. V, § 5, n° 6, prop. 11). Soient $\mathrm{N}_0 = \mathrm{B} - p(\mathrm{T})$, $\mathrm{N}'_0 = \mathrm{B}' - p'(\mathrm{T})$; on sait que N_0 (resp. N'_0) est négligeable pour ν (resp. ν') (n° 2). Il existe une bijection f de $\mathrm{B} - \mathrm{N}_0$ sur $\mathrm{B}' - \mathrm{N}'_0$ définie par $f(p(t)) = p'(t)$ pour tout $t \in \mathrm{T}$; soit f' l'application réciproque de f, telle que $f'(p'(t)) = p(t)$. Pour toute partie M de B, la relation « M est ν-mesurable » équivaut à « $\overset{-1}{p}(\mathrm{M})$ est μ-mesurable », c'est-à-dire à « $\overset{-1}{p'}(f(\mathrm{M}))$ est μ-mesurable », donc enfin à « $f(\mathrm{M})$ est ν'-mesurable » (chap. V, § 6, n° 2, cor. de la prop. 3). On voit donc que f (resp. f') transforme tout ensemble ν-mesurable (resp. ν'-mesurable) en un ensemble ν'-mesurable (resp. ν-mesurable) ; comme B et B′ sont métrisables et ont des bases dénombrables, on en déduit que f et f' sont mesurables (chap. IV, § 5, n° 5, th. 4). En outre, si $\mathrm{M} \subset \mathrm{B}$ est ν-négligeable, $\overset{-1}{p}(\mathrm{M}) = \overset{-1}{p'}(f(\mathrm{M}))$ est μ-négligeable, donc $f(\mathrm{M})$ est ν'-négligeable (chap. V, § 6, n° 2, cor. 2 de la prop. 2) ; de même f' transforme tout ensemble ν'-négligeable en un ensemble ν-négligeable. Par suite, l'image de ν par f (qui est définie puisque ν est bornée, ce qui entraîne que f est ν-propre) est équivalente à ν' et l'image de ν' par f' est équivalente à ν (chap. V, § 5, n° 6, prop. 10). Reste à montrer *b*). En vertu du th. 2 du n° 3, on peut se limiter au cas où $\nu' = f(\nu)$. Comme on a $\mu = \int \lambda'_{b'}\, d\nu'(b')$, on a, pour toute fonction $h \in \mathcal{K}(\mathrm{T})$

$$\int h(t)d\mu(t) = \int d\nu'(b') \int h(t)d\lambda'_{b'}(t) = \int d\nu(b) \int h(t)d\lambda'_{f(b)}(t)$$

(chap. V, § 3, n° 4, th. 1, et § 6, n° 2, th. 1) ; autrement dit, on a $\mu = \int \lambda'_{f(b)} d\nu(b)$. Mais comme on a aussi $\mu = \int \lambda_b d\nu(b)$ et que, pour tout $b \in B - N_0$, λ_b et $\lambda'_{f(b)}$ sont portées par $\overset{-1}{p}(b)$, le th. 2 du n° 3 entraîne que $\lambda_b = \lambda'_{f(b)}$ pour presque tout $b \in B - N_0$, et par suite pour presque tout $b \in B$. Les conditions du th. 4 sont donc vérifiées en prenant pour N la réunion de N_0 et de l'ensemble des $b \in B$ tels que $\lambda_b \neq \lambda'_{f(b)}$.

APPENDICE

Compléments sur les espaces vectoriels topologiques

1. *Formes bilinéaires et applications linéaires.*

Soient (F_1, G_1), (F_2, G_2) deux couples d'espaces vectoriels (réels ou complexes) en dualité (*Esp. vect. top.*, chap. IV, § 1, nº 1) ; supposons chacun de ces espaces muni de la topologie *faible* correspondante (*loc. cit.*, nº 2) ; si A et B sont deux quelconques de ces espaces, on désignera comme d'ordinaire par $\mathfrak{L}(A ; B)$ l'espace vectoriel des applications linéaires continues de A dans B, et on notera $\mathfrak{B}(A, B)$ l'espace vectoriel des formes bilinéaires *séparément continues* sur $A \times B$.

Pour toute forme bilinéaire Φ séparément continue sur $F_1 \times F_2$, $x_1 \to \Phi(x_1, x_2)$ est une forme linéaire continue sur F_1, donc il existe un élément et un seul ${}^r\Phi(x_2) \in G_1$ tel que

$$\Phi(x_1, x_2) = \langle x_1, {}^r\Phi(x_2)\rangle \tag{1}$$

pour $x_1 \in F_1$, $x_2 \in F_2$ (*Esp. vect. top.*, chap. IV, § 1, nº 2, prop. 1). En outre cette formule montre que l'application $x_2 \to {}^r\Phi(x_2)$ est linéaire et continue pour les topologies (faibles) de F_2 et de G_1. Inversement, pour toute application linéaire continue u de F_2 dans G_1, $(x_1, x_2) \to \Phi(x_1, x_2) = \langle x_1, u(x_2)\rangle$ est une forme bilinéaire séparément continue sur $F_1 \times F_2$, et on a ${}^r\Phi = u$. On a ainsi défini un isomorphisme $r : \Phi \to {}^r\Phi$ de $\mathfrak{B}(F_1, F_2)$ sur $\mathfrak{L}(F_2 ; G_1)$, dit *canonique*.

La formule

$$\Phi(x_1, x_2) = \langle {}^l\Phi(x_1), x_2\rangle \tag{2}$$

définit de même un *isomorphisme canonique* $l : \Phi \rightarrow {}^l\Phi$ de $\mathfrak{B}(F_1, F_2)$ sur $\mathcal{L}(F_1 ; G_2)$; et on a évidemment le diagramme commutatif

$$\begin{array}{ccc} & \mathfrak{B}(F_1, F_2) & \\ {\scriptstyle l} \swarrow \nearrow {\scriptstyle l^{-1}} & & {\scriptstyle r^{-1}} \nwarrow \searrow {\scriptstyle r} \\ \mathcal{L}(F_1 ; G_2) & \xleftrightarrow{\ t\ } & \mathcal{L}(F_2 ; G_1) \end{array}$$

où t est l'isomorphisme de transposition $u \rightarrow {}^tu$. Vu la définition des topologies faibles sur G_1 et G_2, il est immédiat en outre que, lorsqu'on munit $\mathfrak{B}(F_1, F_2)$, $\mathcal{L}(F_1 ; G_2)$ et $\mathcal{L}(F_2 ; G_1)$ de la topologie de la convergence simple, les isomorphismes du diagramme précédent sont des isomorphismes pour les structures d'espace vectoriel topologique.

Soient maintenant E, F deux espaces localement convexes séparés, E′, F′ leurs duals respectifs ; désignons par E_σ, F_σ les espaces E, F munis des topologies affaiblies $\sigma(E, E')$, $\sigma(F, F')$, par E'_s, F'_s les espaces E′, F′ munis des topologies faibles $\sigma(E', E)$, $\sigma(F', F)$. Les remarques précédentes établissent donc des isomorphismes canoniques entre les trois espaces $\mathfrak{B}(E_\sigma, F'_s)$, $\mathcal{L}(E_\sigma ; F_\sigma)$ et $\mathcal{L}(F'_s ; E'_s)$, et aussi entre les trois espaces $\mathfrak{B}(E_\sigma, F_\sigma)$, $\mathcal{L}(E_\sigma ; F'_s)$ et $\mathcal{L}(F_\sigma ; E'_s)$. On remarquera que $\mathfrak{B}(E_\sigma, F_\sigma)$ est aussi égal à l'espace $\mathfrak{B}(E, F)$ des formes bilinéaires séparément continues sur $E \times F$ (E et F étant munis de leurs topologies initiales), puisque toute forme linéaire continue dans E (resp. F) est continue dans E_σ (resp. F_σ) et réciproquement (*Esp. vect. top.*, chap. IV, § 1, nº 1 et nº 2, prop. 1).

Soit $\mathcal{B}(E, F)$ l'espace des formes bilinéaires continues sur $E \times F$ (E et F étant munis de leurs topologies initiales) ; on a $\mathcal{B}(E, F) \subset \mathfrak{B}(E, F)$.

PROPOSITION 1. — *Pour qu'une forme bilinéaire* $\Phi \in \mathfrak{B}(E, F)$ *appartienne à* $\mathcal{B}(E, F)$, *il faut et il suffit qu'il existe un voisinage de* 0 *dans* E *dont l'image par* ${}^l\Phi$ *soit une partie équicontinue de* F′.

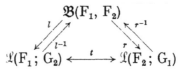

En effet, dire que Φ est continue signifie qu'il existe un voisinage convexe équilibré V (resp. W) de 0 dans E (resp. F) tels que $|\Phi(x, y)| \leqslant 1$ pour $x \in V$, $y \in W$; cela s'écrit $|\langle {}^l\Phi(x), y \rangle| \leqslant 1$, pour $x \in V$ et $y \in W$, ou encore ${}^t\Phi(V) \subset W^0$; d'où la proposition, compte tenu du fait que toute partie équicontinue de F' est contenue dans le polaire d'un voisinage de 0 dans F.

Corollaire. — *Si* Φ *est une forme bilinéaire continue dans* $E \times F$, ${}^t\Phi$ *est une application linéaire continue de* E *dans le dual fort* F'_b *de* F. *Si en outre* E *et* F *sont normés, on a* $\|{}^t\Phi\| = \|\Phi\|$.

La première assertion résulte de la prop. 1 et du fait que tout voisinage de 0 dans F'_b absorbe toute partie équicontinue de F'. Si E et F sont normés, on a

$$\begin{aligned}\|\Phi\| &= \sup_{\|x\| \leqslant 1, \|y\| \leqslant 1} |\Phi(x, y)| = \sup_{\|x\| \leqslant 1} \Big(\sup_{\|y\| \leqslant 1} |\langle {}^t\Phi(x), y \rangle| \Big) \\ &= \sup_{\|x\| \leqslant 1} \|{}^t\Phi(x)\| = \|{}^t\Phi\|\end{aligned}$$

d'où la seconde assertion.

En échangeant les rôles de E et F, on obtient des résultats analogues à la prop. 1 et à son corollaire pour les applications linéaires ${}^r\Phi$; nous laissons au lecteur le soin de les énoncer.

2. *Quelques types d'espaces possédant la propriété* (GDF).

Nous savons déjà que tout espace de Fréchet possède la propriété (GDF) (*Esp. vect. top.*, chap. I, § 3, n° 3, cor. 5 du th. 1).

Proposition 2. — *Soient* E *un espace vectoriel,* $(F_\alpha)_{\alpha \in A}$ *une famille d'espaces localement convexes possédant la propriété* (GDF), *et pour chaque* $\alpha \in A$, *soit* h_α *une application linéaire de* F_α *dans* E. *Si on munit* E *de la topologie localement convexe la plus fine rendant continues les* h_α, E *possède la propriété* (GDF).

Soit u une application linéaire de E dans un espace de Banach B, telle que toute limite dans $E \times B$ de toute suite convergente de points du graphe Γ de u appartienne encore à Γ. Il suffit de montrer que, pour tout $\alpha \in A$, $u \circ h_\alpha$ est continue dans F_α (*Esp. vect. top.*, chap. II, § 2, n° 2, cor. de la prop. 1). Or, soit (x_n) une suite d'éléments de F_α ayant une limite a et telle que la suite $(u(h_\alpha(x_n)))$ ait une limite $b \in B$. Comme h_α est continue, $h_\alpha(a)$ est une limite de la suite $(h_\alpha(x_n))$ dans E ; par hypothèse, on a donc $b = u(h_\alpha(a))$, et comme F_α possède la propriété (GDF), $u \circ h_\alpha$ est continue.

Corollaire. — *Tout espace quotient d'un espace localement convexe possédant la propriété* (GDF) *possède la propriété* (GDF).

Proposition 3. — *Le dual fort d'un espace de Fréchet réflexif possède la propriété* (GDF).

C'est une conséquence de la prop. 2 et du lemme suivant :

Lemme 1. — *Soient* F *un espace de Fréchet*, F′ *son dual fort*, F″ *son bidual. Si toute partie de* F″, *bornée pour* $\sigma(F'', F')$, *est contenue dans l'adhérence* (*pour* $\sigma(F'', F')$) *d'une partie bornée de* F, *alors* F′ *est limite inductive d'une suite d'espaces de Banach.*

Soit en effet (V_n) une suite fondamentale décroissante de voisinages convexes, équilibrés et fermés de 0 dans F. Pour tout entier n, soit G_n le sous-espace de F′ engendré par le polaire V_n^0 de V_n. Dans G_n, V_n^0 est un ensemble convexe absorbant, donc sa jauge p_n est une norme sur G_n ; en outre V_n^0 est une partie complète du dual fort F′ (*Esp. vect. top.*, chap. III, § 3, n° 7, th. 4) ; donc G_n, muni de la norme p_n, est un espace de Banach (*Esp. vect. top.*, chap. I, § 1, n° 5, cor. de la prop. 8). Nous allons montrer que la topologie forte sur F′ est limite inductive de ces topologies d'espace de Banach sur les G_n, ou encore que, pour qu'une partie convexe, équilibrée et fortement fermée U de F′ soit un voisinage fort de 0, il faut et il suffit qu'elle absorbe chacun des V_n^0. Il est évident que cette condition est nécessaire ; pour voir qu'elle est suffisante, il nous suffira de prouver que U contient un *tonneau* de F′. En effet, son polaire U^0 dans F″ sera alors borné pour $\sigma(F'', F')$, donc sera contenu par hypothèse dans l'adhérence (pour $\sigma(F'', F')$) d'une partie bornée B de F, et on en conclura que U (qui est fermé pour $\sigma(F', F'')$) contient le voisinage fort B^0 de 0 (*Esp. vect. top.*, chap. IV, § 1, n° 3, prop. 3).

Par hypothèse, pour tout entier n, il existe un nombre $\lambda_n > 0$ tel que $\lambda_n V_n^0 \subset \frac{1}{2}U$; soit A_n l'enveloppe convexe de la réunion des $\lambda_i V_i^0$ pour $i \leqslant n$. On a $A_n \subset \frac{1}{2}U$ pour tout n ; soit W la réunion des

A_n : W est un ensemble convexe, équilibré, absorbant, contenu dans $\frac{1}{2}$U et il nous suffit de montrer que son adhérence forte (qui est un tonneau) est contenue dans U.

Soit donc x' un point de F' n'appartenant pas à U. Comme chacun des V_n^0 est compact pour $\sigma(F', F)$, il en est de même de A_n (*Esp. vect. top.*, chap. II, § 4, n° 1, prop. 1), et comme $x' \notin 2A_n$, il existe un élément x_n appartenant au polaire de A_n dans F et tel que $\langle x', x_n \rangle = 2$ (*Esp. vect. top.*, chap. II, § 3, n° 3, prop. 4). La suite (x_n) est bornée dans F : en effet, tout $y' \in F'$ appartient à un des V_k^0, et on a par suite $|\langle y', x_n \rangle| \leqslant \lambda_k^{-1}$ pour $n \geqslant k$, d'où notre assertion (*Esp. vect. top.*, chap. IV, § 2, n° 4, th. 3). Soit C un ensemble borné convexe équilibré de F contenant tous les x_n ; C^0 est alors un voisinage de 0 dans F', et le polaire C^{00} de C^0 *dans* F'' est compact pour $\sigma(F'', F')$ (*Esp. vect. top.*, chap. IV, § 2, n° 2, prop. 2). On voit donc que la suite (x_n) admet une valeur d'adhérence x'' dans F'' pour $\sigma(F'', F')$; on a évidemment $\langle x', x'' \rangle = 2$ et d'autre part, x'' appartient au polaire de A_n dans F'' pour tout n, donc au polaire W^0 de W dans F''. On en conclut que $x' \notin W^{00}$, donc n'est pas adhérent à W pour $\sigma(F', F'')$ (*Esp. vect. top.*, chap. IV, § 1, n° 3, prop. 3), ni *a fortiori* pour la topologie forte, ce qui achève la démonstration.

§ 1

1) On considère les espaces localement compacts T, T′ identiques à l'intervalle $[0, 1]$, les mesures μ, μ' sur T et T′ respectivement, identiques à la mesure de Lebesgue. Soit F un espace de Hilbert admettant une base orthonormale dénombrable, rangée en suite double $(\mathbf{e}_{mn})$; soit $F' = F$ son dual. On pose $\mathbf{u}_m(t) = \mathbf{e}_{mn}$ pour $(n-1)2^{-m} \leqslant t < n2^{-m}$ et $1 \leqslant n \leqslant 2^m$; on pose $\mathbf{f}(t, t') = 2^m \mathbf{u}_m(t)$ pour $2^{-m} < t' \leqslant 2^{-m+1}$, et enfin $\mathbf{f}(t, 0) = 0$ et $\mathbf{f}(1, t') = 0$. Montrer que $\mathbf{f}$ est scalairement intégrable pour la mesure produit $\mu \otimes \mu'$, mais que, pour *aucun* $t \in T$, la fonction $t' \to \mathbf{f}(t, t')$ n'est scalairement intégrable pour μ'.

¶ 2) Soient T, X, Y trois espaces localement compacts, Y ayant une base dénombrable. Soient μ une mesure $\geqslant 0$ sur T, $t \to \lambda_t$ ($t \in T$) une famille μ-adéquate de mesures $\geqslant 0$ sur X, et posons $\nu = \int \lambda_t d\mu(t)$. Soit $x \to \rho_x$ ($x \in X$) une famille ν-adéquate de mesures $\geqslant 0$ sur Y. On suppose en outre que l'*une* des deux conditions suivantes est vérifiée :

a) X est dénombrable à l'infini ;

b) ν est bornée.

Dans ces conditions, montrer qu'il existe un ensemble localement μ-négligeable N′ tel que, pour tout $t \notin N'$, la famille $x \to \rho_x$ soit λ_t-adéquate ; en outre, la famille $t \to \int \rho_x d\lambda_t(x)$, définie pour $t \notin N'$, est μ-adéquate, et l'on a

$$\int d\mu(t) \int \rho_x d\lambda_t(x) = \int \rho_x d\nu(x).$$

(Pour démontrer que $x \to \rho_x$ est scalairement λ_t-intégrable localement presque partout, utiliser le lemme 1 du § 3, nº 1, en utilisant, dans le cas *b*), le fait que λ_t est bornée localement presque partout ; même méthode pour voir que $t \to \int \rho_x d\lambda_t(x)$, est scalairement μ-intégrable ; utiliser aussi la prop. 13 du nº 5).

3) Soient S, T, Y trois espaces localement compacts, dénombrables à l'infini, Y ayant une base dénombrable. Soient ρ (resp. σ) une mesure positive sur S (resp. T), $\nu = \rho \otimes \sigma$, et soit $(\lambda_{s,t})_{(s,t)\in S\times T}$ une famille ν-adéquate de mesures positives sur Y. Il existe alors un ensemble ρ-négligeable N tel que, pour tout $s \notin N$, la famille $(\lambda_{s,t})_{t\in T}$ soit σ-adéquate ; la famille $s \to \int \lambda_{s,t}\, d\sigma(t)$ (définie presque partout) est ρ-adéquate, et l'on a

$$\iint \lambda_{s,t}\, d\rho(s)d\sigma(t) = \int d\rho(s) \int \lambda_{s,t}\, d\sigma(t).$$

(Appliquer l'exerc. 2 à l'espace $X = S \times T$ en remarquant que $\nu = \int (\varepsilon_s \otimes \sigma) d\rho(s)$).

¶ 4) Soient T, X, Y trois espaces localement compacts, X étant dénombrable à l'infini. Soient μ une mesure positive sur T, $(\lambda_t)_{t\in T}$ une famille μ-adéquate de mesures positives sur X, et $\nu = \int \lambda_t d\mu(t)$. On suppose remplie l'une des deux conditions suivantes :

a) Y admet une base dénombrable ;

b) la mesure ν est bornée.

Dans ces conditions, si π est une application ν-propre de X dans Y, l'ensemble des $t \in T$ tels que π ne soit pas λ_t-propre est localement μ-négligeable ; en outre, la famille $(\pi(\lambda_t))_{t\in T}$ de mesures positives sur Y (définie localement presque partout dans T) est μ-adéquate, et l'on a

$$\pi\left(\int \lambda_t d\mu(t)\right) = \int \pi(\lambda_t) d\mu(t).$$

(Dans le cas *a*), appliquer l'exerc. 2 à $\rho_x = \varepsilon_{\pi(x)}$. Dans le cas *b*), remarquer que λ_t est bornée localement presque partout, et se réduire à montrer que l'application $t \to \pi(\lambda_t)$ est vaguement μ-mesurable (cf. chap. V, § 3, n° 3, prop. 3). Étant donnés un nombre $\varepsilon > 0$ et une partie compacte K de T, remarquer d'abord qu'il existe dans X une suite croissante (F_m) d'ensembles compacts tels que la restriction de π à chacun des F_m soit continue et que l'on ait, en posant $N_m = X - F_m$, $\nu(N_m) \leqslant \varepsilon/4^m$. Soit A_m l'ensemble des $t \in K$ tels que N_m ne soit pas λ_t-intégrable, ou que l'on ait $\lambda_t(N_m) > 1/2^m$; si A est la réunion des A_m, on a $\mu(A) \leqslant \varepsilon/2$. Soit K_1 une partie compacte de K − A telle que $\mu(K - K_1) \leqslant \varepsilon$ et que, pour toute fonction $g \in \mathcal{K}(X)$, la restriction de $t \to \int g(x) d\lambda_t(x)$ à K_1 soit continue. En utilisant le th. d'Urysohn, montrer que, pour toute fonction $f \in \mathcal{K}(Y)$, la restriction à K_1 de $t \to \int f(\pi(x)) d\lambda_t(x)$ est limite uniforme de fonctions continues).

*5) Pour tout $t \in \mathbf{R}$, soit $\mathbf{f}(t)$ la fonction continue $x \to \exp(-2\pi i t x)$, élément de l'espace $\mathcal{C} = \mathcal{C}_{\mathbf{C}}(\mathbf{R})$ des fonctions complexes continues dans $\mathbf{R}$. L'espace $\mathcal{C}$ est en dualité avec l'espace $\mathcal{C}' = \mathcal{C}'_{\mathbf{C}}(\mathbf{R})$ des mesures complexes sur $\mathbf{R}$ à support compact ; on identifie canoniquement à un sous-espace de $\mathcal{C}'$ l'espace $\mathcal{K} = \mathcal{K}_{\mathbf{C}}(\mathbf{R})$ des fonctions complexes continues à support compact, en identifiant une fonction $\varphi \in \mathcal{K}$ à la mesure de densité φ par rapport à la mesure de Lebesgue. On désigne par $\mathcal{D}$ le sous-espace de $\mathcal{K}$ formé des fonctions complexes indéfiniment dérivables à support compact. Montrer que, lorsqu'on munit $\mathcal{C}$ de la topologie $\sigma(\mathcal{C}, \mathcal{C}')$ ou de la topologie $\sigma(\mathcal{C}, \mathcal{K})$, $\mathbf{f}$ n'est pas scalairement intégrable pour la mesure de Lebesgue μ ; par contre, pour la topologie $\sigma(\mathcal{C}, \mathcal{D})$, $\mathbf{f}$ est scalairement μ-intégrable et $\int \mathbf{f} d\mu$ est la mesure ε_0 ; prouver que dans ce cas les conditions de la prop. 7 sont vérifiées.$_*$

6) Soient F un espace de Fréchet distingué (*Esp. vect. top.*, chap. IV, § 3, exerc. 10 *b*)), F′ son dual. Montrer que, si $\mathbf{f}$ est une application scalairement essentiellement intégrable de T dans F, $\int \mathbf{f} d\mu$ appartient au bidual F″ de F. (Plonger F dans F″ ; appliquer le th. 1, ainsi que la prop. 2 et le lemme 1 de l'Appendice.)

7) *a*) Soient $F = \overline{\mathcal{K}(\mathbf{N})}$ l'espace de Banach des suites de nombres réels tendant vers 0, $F' = L^1(\mathbf{N})$ son dual (*Esp. vect. top.*, chap. IV, § 1, exerc. 1). Soit $\mathbf{f} = (f_n)$ l'application de $I = (0, 1)$ dans F telle que $f_n(t) = n\varphi_{I_n}(t)$, où $I_n = (0, 1/n)$. Montrer que $\mathbf{f}$ est scalairement intégrable pour la mesure de Lebesgue μ sur I, mais que $\int \mathbf{f} d\mu$ est un élément de F″ non dans F.

b) Soit $\mathbf{g}$ l'application de $J = (-1, +1)$ dans F définie par les conditions $\mathbf{g}(t) = \mathbf{f}(t)$ pour $t \geqslant 0$, $\mathbf{g}(t) = -\mathbf{f}(-t)$ pour $t \leqslant 0$. Alors $\mathbf{g}$ est scalairement intégrable pour la mesure de Lebesgue sur J et on a $\int \mathbf{g} d\mu \in F$, mais il existe des fonctions $h \in \mathcal{L}^\infty$ telles que $\int h\mathbf{g} d\mu \notin F$.

c) Déduire de *a*) une nouvelle démonstration du fait que l'espace vectoriel topologique F n'est pas isomorphe au dual d'un espace normé (cf. *Esp. vect. top.*, chap. IV, § 5, exerc. 15 *c*)).

8) Soient F un espace localement convexe séparé, $\mathbf{f}$ une application scalairement localement intégrable de T dans F telle que, pour toute partie compacte K de T, $\int_K \mathbf{f} d\mu \in F$.

a) Montrer que, si $\mathbf{f}$ est scalairement essentiellement intégrable, et si F est semi-réflexif (ou seulement si toute suite de Cauchy pour $\sigma(F, F')$ converge dans F pour cette topologie, lorsque T est dénombrable à l'infini), on a $\int g\mathbf{f} d\mu \in F$ pour toute fonction $g \in \mathcal{L}^\infty$.

b) Montrer que, si F est quasi-complet, et si, pour toute semi-norme continue q sur F, on a $\overline{\int}^{*} q(\mathbf{f}(t))d\mu(t) < +\infty$, alors $\mathbf{f}$ est scalairement essentiellement intégrable et on a $\int^{\bullet} g\mathbf{f}d\mu \in \mathrm{F}$ pour toute fonction $g \in \mathfrak{L}^{\infty}$. (Dans les deux cas, considérer l'ensemble filtrant croissant des parties compactes de T.)

9) Soient G, H deux espaces localement convexes séparés, U une application de T dans $\mathrm{F} = \mathfrak{L}_s(\mathrm{G}\,;\mathrm{H})$. On suppose que G est tonnelé, H quasi-complet, U μ-mesurable et $U(\mathrm{K})$ borné pour toute partie compacte K de T; en outre, on suppose que pour toute semi-norme q continue sur H et tout $\mathbf{x} \in \mathrm{G}$, on ait $\overline{\int}^{*} q(U(t).\mathbf{x})d\mu(t) < +\infty$. Dans ces conditions, montrer que U est scalairement essentiellement μ-intégrable et que $\int U(t)d\mu(t) \in \mathrm{F}$ (utiliser l'exercice 8 *b*)).

10) Soient G, H deux espaces de Fréchet, G_0 (resp. H_0) une partie partout dense de G (resp. H), $t \to \Phi_t$ une application de T dans l'espace $\mathrm{F} = \mathfrak{B}(\mathrm{G}, \mathrm{H})$ des formes bilinéaires continues sur $\mathrm{G} \times \mathrm{H}$, muni de la topologie de la convergence simple. On suppose que : 1° pour tout couple $(\mathbf{a}, \mathbf{b}) \in \mathrm{G}_0 \times \mathrm{H}_0$, $t \to \Phi_t(\mathbf{a}, \mathbf{b})$ est essentiellement μ-intégrable ; 2° si, pour tout couple de parties bornées $\mathrm{A} \subset \mathrm{G}$, $\mathrm{B} \subset \mathrm{H}$, on pose $q_{\mathrm{A},\mathrm{B}}(\Phi) = \sup_{(\mathbf{x}, \mathbf{y}) \in \mathrm{A} \times \mathrm{B}} |\Phi(\mathbf{x}, \mathbf{y})|$ pour toute $\Phi \in \mathfrak{B}(\mathrm{G}, \mathrm{H})$, on a $\overline{\int}^{*} q_{\mathrm{A},\mathrm{B}}(\Phi_t)d\mu(t) < +\infty$. Dans ces conditions, montrer que $t \to \Phi_t$ est scalairement essentiellement μ-intégrable et que $\int^{\bullet} \Phi_t d\mu(t) \in \mathrm{F}$ (en utilisant le th. de Lebesgue, se ramener à appliquer le cor. 1 du th. 1). Cas particulier où $\mathrm{H} = \mathbf{R}$.

11) Soient μ la mesure de Lebesgue sur $\mathrm{T} = [0, 1]$, F un espace hilbertien ayant une base orthonormale dénombrable $(\mathbf{e}_n)$. Soit $\mathbf{f}$ l'application de T dans F telle que $\mathbf{f}(0) = 0$ et $\mathbf{f}(t) = 2^n\mathbf{e}_n/n$ dans l'intervalle $]2^{-n-1}, 2^{-n}]$ $(n \geqslant 0)$. Montrer que $\mathbf{f}$ est μ-mesurable, scalairement μ-intégrable et telle que $\int^{\bullet} \mathbf{f}d\mu \in \mathrm{F}$, mais que $\int^{*} |\mathbf{f}|\, d\mu = +\infty$.

12) Soient μ la mesure de Lebesgue sur $\mathrm{T} = [0, 1]$, et soit F un espace hilbertien ayant une base orthonormale $(\mathbf{e}_t)_{t \in \mathrm{T}}$ équipotente à T.

a) Soit $\mathbf{f}$ l'application $t \to \mathbf{e}_t$ de T dans F. Montrer que $\mathbf{f}$ est scalairement μ-négligeable, mais n'est pas μ-mesurable lorsqu'on munit F de la topologie faible $\sigma(\mathrm{F}, \mathrm{F}')$ (ni *a fortiori* lorsqu'on munit F de la topologie initiale).

b) Soit A un ensemble non μ-mesurable dans T (chap. IV, § 4, exerc. 8) ; montrer que la fonction $\mathbf{g} = \mathbf{f}\varphi_{\mathrm{A}}$ est scalairement μ-négligeable, mais que la fonction numérique $|\mathbf{g}|$ n'est pas μ-mesurable.

13) Soient F un espace localement convexe séparé, F′ son dual, q une semi-norme semi-continue inférieurement dans F. Montrer que, si $\mathbf{f}$ est une application de T dans F, μ-mesurable pour la topologie $\sigma(F, F')$, alors la fonction numérique $q \circ \mathbf{f}$ est μ-mesurable.

14) Soit μ la mesure de Lebesgue sur $T = [0, 1]$; on désigne par F l'espace vectoriel sur $\mathbf{R}$ des fonctions numériques finies μ-mesurables sur T, muni de la topologie de la convergence simple, qui en fait un espace localement convexe séparé.

a) Montrer qu'il existe dans F une partie dénombrable partout dense (considérer une suite partout dense dans l'espace de Banach $\mathcal{C}(T)$ des fonctions numériques continues dans T).

b) Pour tout $t \in T$, soit $\mathbf{f}(t)$ l'élément du dual F′ de F défini par $\langle \mathbf{f}(t), z \rangle = z(t)$ pour tout $t \in T$. Montrer que, lorsque F′ est muni de la topologie $\sigma(F', F)$, $\mathbf{f}$ est scalairement μ-mesurable mais n'est pas μ-mesurable (cf. prop. 13).

15) Soient F un espace localement convexe métrisable, $\mathbf{f}$ une application scalairement μ-mesurable de T dans F, telle que, pour toute partie compacte K de T, il existe une partie dénombrable H de F telle que $\mathbf{f}(t) \in \overline{H}$ pour presque tout $t \in K$; montrer que dans ces conditions $\mathbf{f}$ est μ-mesurable pour la topologie initiale de F. (Plonger F dans un produit dénombrable d'espaces normés, après s'être ramené au cas où F est de type dénombrable.)

16) Soient F un espace de Banach, F′ son dual. Pour tout p tel que $1 \leqslant p \leqslant +\infty$, on désigne par $\Lambda^p_{F'}(T, \mu)$ (ou simplement par $\Lambda^p_{F'}$) l'ensemble des applications $\mathbf{f}$ de T dans F′ telles que, pour tout $\mathbf{z} \in F$, la fonction numérique $\langle \mathbf{z}, \mathbf{f} \rangle$ appartienne à $\mathcal{L}^p(T, \mu)$. On a $\Lambda^p_{F'} \supset \mathcal{L}^p_{F'}$, et $\Lambda^1_{F'}$ est l'espace des fonctions scalairement essentiellement μ-intégrables, à valeurs dans F′ (F′ étant muni de $\sigma(F', F)$). On sait que, si on désigne par $\theta(\mathbf{z})$ la classe de $\langle \mathbf{z}, \mathbf{f} \rangle$ dans $L^p(\mu)$, l'application $\mathbf{z} \to \theta(\mathbf{z})$ est continue (nº 4, lemme 2) ; soit $M_p(\mathbf{f})$ sa norme ; c'est une semi-norme sur l'espace $\Lambda^p_{F'}$. Pour que $M_p(\mathbf{f}) = 0$, il faut et il suffit que $\mathbf{f}$ soit scalairement localement négligeable.

a) Pour que $\mathbf{f} \in \Lambda^p_{F'}$, il faut et il suffit que, pour toute fonction numérique $g \in \mathcal{L}^q$, la fonction $g\mathbf{f}$ soit scalairement essentiellement μ-intégrable ; on a alors $M_1(g\mathbf{f}) \leqslant M_p(\mathbf{f}) N_q(g)$.

b) Dans l'espace $\Lambda^1_{F'}$, montrer que la semi-norme M_1 est équivalente à la semi-norme $M'_1(\mathbf{f}) = \sup \left| \int_A \mathbf{f}\, d\mu \right|$, où A parcourt l'ensemble des parties mesurables de T ; de façon précise, on a $M'_1 \leqslant M_1 \leqslant 2M'_1$. En déduire que M_p est une semi-norme équivalente à $M'_p(\mathbf{f}) = \sup_{N_q(g) \leqslant 1} M'_1(g\mathbf{f})$.

c) On prend pour F un espace hilbertien ayant une base orthonormale dénombrable, pour μ la mesure de Lebesgue sur $T = [0, 1]$. Montrer qu'il existe une application de T dans F, non intégrable mais scalairement intégrable, et qui soit limite pour la semi-norme M_1 d'une suite de fonctions étagées mesurables (cf. exerc. 11) ; en déduire que, sur l'espace $\mathcal{L}^1_{F'}$ des fonctions μ-intégrables, la topologie définie par la semi-norme M_1 est strictement moins fine que celle définie par N_1. Résultat analogue pour les semi-normes M_p et N_p, pour $1 \leqslant p < +\infty$.

d) Montrer que, sur l'espace $\mathcal{L}^\infty_{F'}$, on a $M_\infty = N_\infty$.

e) On prend pour F un espace hilbertien ayant une base orthonormale dénombrable rangée en une suite double $(\mathbf{e}_{mn})$. Soit μ la mesure de Lebesgue sur $T = [0, 1]$. Soit $\mathbf{u}_m$ l'application de T dans F telle que $\mathbf{u}_m(t) = \mathbf{e}_{mn}$ pour $(n-1)2^{-m} \leqslant t < n2^{-m}$ et $1 \leqslant n \leqslant 2^m$, et $\mathbf{u}_m(1) = 0$; on pose $\mathbf{f}_n = \sum_{i=0}^{n} \mathbf{u}_i$. Montrer que, pour $1 \leqslant p < +\infty$, $(\mathbf{f}_n)$ est une suite de Cauchy dans $\Lambda^p_{F'}$, mais ne converge vers aucune fonction de $\Lambda^p_{F'}$.

f) Soit $(\mathbf{f}_n)$ une suite de Cauchy dans l'espace $\Lambda^p_{F'}$ $(1 \leqslant p \leqslant +\infty)$; on suppose qu'il existe une application $\mathbf{f}$ de T dans F′ telle que, pour tout $\mathbf{z} \in F$, la suite des fonctions $\langle \mathbf{z}, \mathbf{f}_n \rangle$ converge en mesure vers $\langle \mathbf{z}, \mathbf{f} \rangle$ (chap. IV, § 6, exerc. 11). Montrer que $\mathbf{f} \in \Lambda^p_{F'}$ et que la suite $(\mathbf{f}_n)$ a pour limite $\mathbf{f}$ dans $\Lambda^p_{F'}$.

g) On prend pour F l'espace de Banach $L^1(\mathbf{N})$ des séries absolument convergentes; son dual est $F' = L^\infty(\mathbf{N})$ (*Esp. vect. top.*, chap. IV, § 1, exerc. 1). Soit μ la mesure de Lebesgue sur $T = [0, 1]$. Soit $\mathbf{f}$ l'application de T dans F′ telle que $\mathbf{f}(0) = 0$ et, pour $2^{-n-1} < t \leqslant 2^{-n}$, $\mathbf{f}(t)$ est la suite dont tous les termes sont nuls, sauf le terme de rang n, égal à $2^{n/p}$ pour $1 \leqslant p < +\infty$. Montrer que $\mathbf{f}$ est mesurable pour la topologie forte sur F′, et appartient à $\Lambda^p_{F'}$, mais qu'il n'existe aucune suite $(\mathbf{f}_n)$ de fonctions étagées qui tende vers $\mathbf{f}$ dans l'espace $\Lambda^p_{F'}$.

¶ 17) Soient μ la mesure de Lebesgue sur $T = [0, 1]$, F l'espace de Banach $L^1(\mathbf{N})$, $F' = L^\infty(\mathbf{N})$ son dual. Pour tout $t \in [0, 1[$, soit $t = \sum_{n=0}^{\infty} \xi_n 2^{-n}$ le développement dyadique de t; on désigne par $\mathbf{f}(t)$ la suite $(\xi_n) \in F'$, et on pose $\mathbf{f}(1) = 0$.

a) Montrer que la fonction $\mathbf{f}$ appartient à l'espace $\Lambda^p_{F'}$ (cf. exerc. 16) pour $1 \leqslant p \leqslant +\infty$.

b) Montrer que $\mathbf{f}$ est mesurable pour la topologie $\sigma(F', F)$ et que, pour cette topologie, il existe une suite de fonctions étagées qui converge presque partout vers $\mathbf{f}$.

c) Montrer que $\mathbf{f}$ n'est pas mesurable pour la topologie forte sur F′ (remarquer que $|\mathbf{f}(t) - \mathbf{f}(t')| = 1$ si $0 \leqslant t < t' < 1$).

d) Montrer que, dans l'espace $\Lambda^p_{F'}$, $(1 \leqslant p < +\infty)$, $\mathbf{f}$ n'est pas limite d'une suite de fonctions étagées. (Se ramener à ne considérer que les fonctions étagées combinaisons linéaires (à coefficients dans F′) de fonctions caractéristiques d'intervalles dont les extrémités sont de la forme $k/2^n$; si $\mathbf{g}$ est une telle fonction étagée, montrer qu'avec les notations de l'exerc. 16 *b*), on a $M'_1(\mathbf{f} - \mathbf{g}) \geqslant 1/4$.)

e) Montrer qu'il n'existe aucune application $\mathbf{h}$ de T dans F′, mesurable pour la topologie forte, et telle que $\mathbf{f} - \mathbf{h}$ soit scalairement négligeable. (Remarquer que, pour une telle application, on aurait nécessairement $N_\infty(\mathbf{h}) \leqslant 1$; obtenir alors une contradiction avec le résultat de *d*).)

18) Montrer que la prop. 8 subsiste lorsqu'on y remplace la condition que $\mathbf{f}$ soit μ-mesurable (pour la topologie initiale de F) par la condition que $\mathbf{f}$ soit μ-mesurable pour la topologie affaiblie $\sigma(F, F')$. (Utiliser l'exerc. 19 *c*) du chap. IV, § 4.)

¶ 19) Soit $\mathbf{f}$ une application scalairement essentiellement μ-intégrable de T dans F. Pour tout $\mathbf{z}' \in F'$, on désigne par $u_{\mathbf{f}}(\mathbf{z}')$ la classe dans $L^1(\mu)$ de la fonction $\langle \mathbf{f}, \mathbf{z}' \rangle$. On dit que $\mathbf{f}$ est *scalairement bien intégrable* si, pour toute fonction $g \in L^\infty(\mu)$, on a $\int g\mathbf{f}d\mu \in F$.

a) Pour que $\mathbf{f}$ soit scalairement bien intégrable, il faut et il suffit que $u_{\mathbf{f}}$ soit continue pour les topologies $\sigma(F', F)$ et $\sigma(L^1, L^\infty)$. Lorsqu'il en est ainsi, l'image par $u_{\mathbf{f}}$ de toute partie équicontinue de F′ est une partie relativement faiblement compacte de L^1. En particulier : α) pour toute partie équicontinue H′ de F′ et tout $\varepsilon > 0$, il existe une partie compacte L de T telle que $\int_{T-L} |\langle \mathbf{f}, \mathbf{z}' \rangle| d\mu \leqslant \varepsilon$ pour tout $\mathbf{z}' \in H'$; β) pour toute partie équicontinue H′ de F′ et tout $\varepsilon > 0$ il existe $\eta > 0$ tel que, pour tout ensemble ouvert $U \subset T$ de mesure $\mu(U) \leqslant \eta$, on ait $\int_U |\langle \mathbf{f}, \mathbf{z}' \rangle| d\mu \leqslant \varepsilon$ pour tout $\mathbf{z}' \in H'$ (chap. V, § 5, exerc. 17).

b) On suppose vérifiées les conditions α) et β) de *a*) et en outre qu'il existe un sous-espace $H \subset L^\infty$, dense pour la topologie $\sigma(L^\infty, L^1)$ et tel que, pour toute fonction $g \in \mathcal{L}^\infty$ dont la classe est dans H, on ait $\int g\mathbf{f}d\mu \in F$. Montrer que dans ces conditions, si on suppose en outre F *quasi-complet*, $\mathbf{f}$ est scalairement bien intégrable. (Se ramener d'abord au cas où F est complet (pour sa topologie initiale), et remarquer que $\dot{g} \to \int g\mathbf{f}d\mu$ est une application linéaire continue de L^∞ dans F'^*, lorsque L^∞ est muni de la topologie $\tau(L^\infty, L^1)$ et F'^* de la topologie de la convergence uniforme dans les parties équicontinues de F′.)

c) On suppose que $\mathbf{f}$ soit scalairement bien intégrable. Montrer que pour toute suite de Cauchy $(\mathbf{z}'_n)$ pour la topologie $\sigma(F', F)$, la suite $(u_{\mathbf{f}}(\mathbf{z}'_n))$ est *fortement* convergente dans L^1 (utiliser l'exerc. 13 *a*) du chap. IV, § 6 et l'exerc. 18 *b*) du chap. V, § 5). En déduire que, si A est l'image de la boule unité de L^∞ par l'application $\dot{g} \to \int g\mathbf{f}d\mu$, toute suite de Cauchy $(\mathbf{z}'_n)$ pour la topologie $\sigma(F', F)$ est une suite de Cauchy pour la topologie de la convergence uniforme dans A.

d) Déduire de *c*) que, si $\mathbf{f}$ est scalairement bien intégrable, l'image par $u_{\mathbf{f}}$ de toute partie de F′ équicontinue et métrisable pour $\sigma(F', F)$, est relativement *fortement* compacte dans L^1. En particulier, si F est le dual G′ d'un espace localement convexe séparé G, si on munit F d'une topologie compatible avec la dualité entre F et G, et si dans G′ il existe une partie dénombrable fortement partout dense, alors l'image par $u_{\mathbf{f}}$ de toute partie bornée de $F' = G$ est relativement fortement compacte dans L^1 (plonger G dans son bidual).

20) Soient F un espace localement convexe séparé, F′ son dual, $\mathfrak{S}'$ l'ensemble des parties $A' \subset F'$ telles que de toute suite de points de A′ on puisse extraire une suite convergente pour $\sigma(F', F)$. Montrer que, pour une partie bornée A de F, les conditions suivantes sont équivalentes : α) A est précompact pour la $\mathfrak{S}'$-topologie ; β) toute suite convergente pour $\sigma(F', F)$ converge uniformément dans A. (Soit $\mathfrak{S}$ l'ensemble formé des parties finies de F et de A ; remarquer que β) entraîne que toute partie $A' \in \mathfrak{S}'$ est précompacte pour la $\mathfrak{S}$-topologie, en utilisant l'exerc. 2 de *Top. gén.*, chap. II, § 4. Appliquer ensuite l'exerc. 12 de *Esp. vect. top.*, chap. IV, § 1.)

¶ 21) Soit $\mathbf{f}$ une application scalairement bien intégrable de T dans un espace localement convexe séparé *quasi-complet* F.

a) Montrer que l'image par $\dot{g} \to \int g\mathbf{f}d\mu$ de la boule unité de L^∞ est une partie relativement compacte de F pour la topologie *initiale*, dans chacun des cas suivants : 1° il existe une partie dénombrable partout dense dans F ; 2° F est le dual G′ d'un espace G, qui est métrisable ou limite inductive stricte d'une suite d'espaces métrisables, et F est muni de la topologie $\tau(G', G)$. (Utiliser l'exerc. 19 *c*) et l'exerc. 20 ; dans le cas 2°, utiliser le th. de Šmulian (*Esp. vect. top.*, chap. IV, § 2, exerc. 13 *c*)).

b) Montrer que la conclusion de *a*) est encore valable lorsque, sans hypothèse nouvelle sur F, on suppose que $\mathbf{f}$ est mesurable. (En plongeant F dans un produit d'espaces de Banach, se ramener au cas où F est un espace de Banach ; puis, en utilisant l'exerc. 19 *a*), se ramener au cas où T est compact ; appliquer alors le cas 1° de *a*)).

22) Dans un espace localement convexe séparé F, soit $(\mathbf{z}_\alpha)_{\alpha \in A}$ une famille telle que l'application $\alpha \to \mathbf{z}_\alpha$ soit scalairement bien intégrable (exerc. 19) lorsqu'on munit A de la mesure définie par la masse $+1$ en chaque point.

a) Montrer que la famille $(\mathbf{z}_\alpha)$ est *sommable* pour toute topologie $\mathfrak{T}$ compatible avec la dualité entre F et F′ (utiliser l'exerc. 19 *a*)). Réciproque lorsque F est quasi-complet pour $\mathfrak{T}$.

b) On suppose $F = G'$, $F' = G$, où G est un espace localement convexe séparé tel qu'il existe dans G′ une partie dénombrable fortement partout dense. Montrer alors que $(\mathbf{z}_\alpha)$ est sommable pour la topologie *forte* sur G′ (qui n'est pas nécessairement compatible avec la dualité entre G′ et G) (cf. exerc. 19 *d*)). Montrer que ce résultat ne s'étend pas au cas où $G = L^1(\mathbf{N})$, $G' = L^\infty(\mathbf{N})$.

23) Soit μ une mesure positive sur T, portée par une réunion dénombrable d'ensembles compacts.

a) Soit H un ensemble de fonctions numériques μ-mesurables, tel que, pour tout $t \in T$, on ait $\sup_{f \in H} f(t) < +\infty$. Montrer qu'il existe une fonction μ-mesurable finie g, telle que $f(t) \leqslant g(t)$ presque partout pour toute fonction $f \in H$. (Se ramener au cas où μ est bornée et où les fonctions de H prennent leurs valeurs dans $[-1, +1]$, au moyen d'un homéomorphisme croissant de $\overline{\mathbf{R}}$ sur cet intervalle. Considérer alors la borne supérieure $\tilde{g}$ dans $L^1(\mu)$ de l'ensemble des classes des fonctions de H (chap. IV, § 3, n° 6, prop. 14) et remarquer qu'il existe une suite de fonctions de H qui converge presque partout vers g.)

b) Soit $\mathbf{f}$ une application scalairement μ-mesurable de T dans un espace localement convexe séparé F. Pour toute partie B′ de F′, bornée pour $\sigma(F', F)$, montrer qu'il existe une fonction numérique mesurable et finie $g_{B'}$ telle que, pour tout $\mathbf{z}' \in B'$, on ait $|\langle \mathbf{f}(t), \mathbf{z}' \rangle| \leqslant g_{B'}(t)$ presque partout.

c) Soient F un espace de Fréchet, $\mathbf{f}$ une application scalairement μ-mesurable de T dans F. Montrer que, pour toute partie compacte K de T et tout $\varepsilon > 0$, il existe un ensemble compact $K' \subset K$ tel que $\mu(K - K') \leqslant \varepsilon$ et que la restriction de $\mathbf{f}$ à K′ soit bornée (utiliser *b*)).

24) Soit F un espace localement convexe séparé *complet*, contenant une partie dénombrable partout dense. Soit $\mathbf{f}$ une application de T dans F, scalairement μ-mesurable et scalairement essentiellement bornée ; montrer que pour toute fonction $g \in \mathcal{L}^1$, $g\mathbf{f}$ est scalairement intégrable et $\int g\mathbf{f}\,d\mu \in F$. (Utiliser le th. 4 de *Esp. vect. top.*, chap. IV, § 2, n° 5, en remarquant que les parties équicontinues de F′ sont métrisables pour $\sigma(F', F)$ et en appliquant le th. de Lebesgue.)

¶ 25) Soit F un espace de Fréchet de type dénombrable, dans lequel toute suite de Cauchy pour $\sigma(F, F')$ est convergente pour cette topologie (par exemple un espace $L^1(T', \nu)$, si T′ admet une base dénombrable (chap. V, § 5, exerc. 18 *b*))). Montrer que toute application scalairement essentiellement intégrable $\mathbf{f}$ de T dans F est scalairement bien intégrable. (Prouver d'abord que pour toute fonction $g \in \mathcal{L}^\infty(\mu)$ à support compact, on a $\int g\mathbf{f}\,d\mu \in F$, en remarquant que $\mathbf{f}$ est μ-mesurable (n° 5, prop. 12), et en appliquant la prop. 8 du n° 2 et l'hypothèse. En déduire, à l'aide de l'hypothèse, que $\int_A g\mathbf{f}\,d\mu \in F$ pour toute fonction $g \in \mathcal{L}^\infty$ et tout ensemble A réunion dénombrable d'ensembles compacts. Avec les notations de l'exerc. 19, prouver enfin que l'image par $u_{\mathbf{f}}$ de toute partie équicontinue de F′ est relativement faiblement compacte dans L^1, en utilisant le th. d'Eberlein (*Esp. vect. top.*, chap. IV, § 2, exerc. 15 *b*)) et le fait que les parties équicontinues de F′ sont métrisables pour $\sigma(F', F)$).

26) Soit (f_n) une suite de fonctions μ-intégrables définies dans T, telles que pour presque tout $t \in T$, $\sup_n |f_n(t)| < +\infty$, et $\sup_n \int |f_n(t)|\,d\mu(t) = +\infty$. Montrer qu'il existe une suite (c_n) de scalaires telle que $\sum_n |c_n| < +\infty$, et que $\sum_n c_n f_n$ ne soit pas μ-intégrable (appliquer à l'espace $L^1(\mathbf{N}) = F$ le th. de Gelfand-Dunford).

27) Soient E un espace de Banach réel de type dénombrable, $G = E'$ son dual, G' un sous-espace de E, dense dans E, distinct de E et tonnelé (*Esp. vect. top.*, chap. III, § 1, exerc. 6). Montrer que, si on munit G de la topologie $\sigma(G, G')$, et son dual $G' = \mathcal{L}(G; \mathbf{R})$ de la topologie de la convergence compacte, G' n'est pas quasi-complet, et il y a dans G' une suite (x_n) tendant vers 0 et une suite (λ_n) de nombres > 0 et de somme finie, telles que la série de terme général $\lambda_n x_n$ ne soit pas convergente dans G'. (Remarquer d'abord que toute partie de G bornée pour $\sigma(G, G')$ est bornée pour la norme sur G. Considérer un point $a \in E$ n'appartenant pas à G', et une suite (a_n) de points de G' qui converge vers a dans E et est telle que $\|a_{n+1} - a_n\| \leqslant 1/2^n$).

§ 2

1) Montrer que, pour qu'une fonction numérique f sur T soit essentiellement intégrable pour toute mesure positive sur T, il faut et il suffit qu'elle soit bornée, à support compact, et mesurable pour toute mesure positive sur T.

2) Soient G un espace tonnelé, H un espace semi-réflexif, F l'espace $\mathcal{L}_s(G; H)$. Soit $\mathbf{m}$ une mesure vectorielle sur T, à valeurs dans F. Montrer que, pour toute fonction numérique f essentiellement intégrable pour $\mathbf{m}$, on a $\int f d\mathbf{m} \in F$. (Remarquer que F est semi-réflexif.) Cas où $H = \mathbf{R}$.

3) Soit $\mathbf{m}$ une mesure vectorielle sur T, à valeurs dans F. Montrer que, pour toute fonction numérique f essentiellement intégrable pour $\mathbf{m}$, on a $\int f d\mathbf{m} \in F''$ dans chacun des deux cas suivants : *a*) F est distingué (*Esp. vect. top.*, chap. IV, § 3, exerc. 10) ; *b*) F est un espace de Fréchet et T est dénombrable à l'infini. (Dans les deux cas, plonger F dans F'' et appliquer la méthode du cor. 1 de la prop. 3 ; dans le cas *b*), utiliser l'exerc. 21 *d*) de *Esp. vect. top.*, chap. IV, § 3.)

4) Soit $\mathbf{m}$ une mesure vectorielle sur T, à valeurs dans F. Montrer que, pour toute fonction numérique $f \geqslant 0$, semi-continue inférieurement et essentiellement intégrable pour $\mathbf{m}$, on a $\int f d\mathbf{m} \in F''$ (utiliser le th. 1 du chap. IV, § 1, n° 1).

5) Soient F un espace localement convexe semi-réflexif, $\mathbf{m}$ une mesure sur T à valeurs dans F. Montrer que, pour toute fonction numérique g localement intégrable pour $\mathbf{m}$, l'application $f \to \int fg d\mathbf{m}$ de $\mathcal{K}(T)$ dans F est une mesure sur T, notée $g.\mathbf{m}$; pour qu'une fonction numérique h soit essentiellement intégrable pour $g.\mathbf{m}$, il faut et il suffit que gh soit essentiellement intégrable pour $\mathbf{m}$, et on a $\int h d(g.\mathbf{m}) = \int hg d\mathbf{m}$.

6) Soient F un espace localement convexe semi-réflexif, muni d'une structure d'algèbre sur $\mathbf{R}$ telle que l'application $(u, v) \to uv$ de $F \times F$

dans F soit *séparément continue*. Soit $\mathbf{m}$ une mesure sur T, à valeurs dans F, telle que $\mathbf{m}(fg) = \mathbf{m}(f)\mathbf{m}(g)$ pour f et g dans $\mathcal{K}(\mathrm{T})$. Montrer que si les fonctions numériques f, g sont telles que f, g et fg appartiennent à $\mathcal{L}(\mathbf{m})$, on a $\int fg d\mathbf{m} = \left(\int f d\mathbf{m}\right)\left(\int g d\mathbf{m}\right)$. (Traiter d'abord le cas où $g \in \mathcal{K}(\mathrm{T})$ en considérant les deux mesures $f \to \mathbf{m}(fg)$ et $f \to \mathbf{m}(f)\mathbf{m}(g)$; passer au cas général en procédant de même et utilisant l'exerc. 5). Cas où $\mathrm{F} = \mathcal{L}(\mathrm{G})$, G étant réflexif et F muni de la topologie de la convergence simple ou de la topologie de la convergence simple faible.

7) Soient μ une mesure positive sur T, $\mathbf{m}$ une mesure sur T à valeurs dans F, de base μ et de densité $\mathbf{f}$ par rapport à μ. Soit q une semi-norme semi-continue inférieurement sur F. Montrer que si, pour toute partie compacte K de T, $\int_{\mathrm{K}}^{\bullet *} (q \circ \mathbf{f}) d\mu$ est finie, on a, pour toute fonction μ-mesurable $h \geqslant 0$, l'inégalité $\overline{\int}^{\bullet *} h dq(\mathbf{m}) \leqslant \overline{\int}^{\bullet *} (q \circ \mathbf{f}) h d\mu$. (Utiliser le lemme 1 du chap. V, § 2, nº 2.)

8) Soit $\mathbf{m}$ une mesure vectorielle sur T à valeurs dans F, q-majorable pour une semi-norme q semi-continue inférieurement dans F. Montrer que, pour toute fonction $f \geqslant 0$ de $\mathcal{K}(\mathrm{T})$, on a

$$\int f d(q \circ \mathbf{m}) = \sup \sum_i q(\mathbf{m}(f_i))$$

lorsque (f_i) parcourt l'ensemble des suites finies d'éléments de $\mathcal{K}(\mathrm{T})$ telles que $\sum_i |f_i| \leqslant f$. (Raisonner comme dans le th. 1 du chap. II, § 2, nº 2.)

9) Soient T un espace localement compact dénombrable à l'infini, F un espace tonnelé séparé contenant une partie dénombrable partout dense, $\mathbf{m}$ une mesure vectorielle sur T à valeurs dans le dual faible F′ de F. Montrer qu'il existe sur T une mesure positive μ telle que $\mathbf{m}$ soit scalairement de base μ. (Utiliser la prop. 12 du chap V, § 5, nº 6, et la condition c') du th. de Lebesgue-Nikodym, chap. V, § 5, nº 5, th. 2.)

¶ 10) Soit K un espace compact. Pour tout espace quotient séparé K_1 de K, on identifie l'espace de Banach $\mathcal{C}(\mathrm{K}_1)$ à un sous-espace fermé de $\mathcal{C}(\mathrm{K})$ par l'injection $f \to f \circ \pi$, où π est l'application canonique de K sur K_1.

a) Soit u une application linéaire continue de $\mathcal{C}(\mathrm{K})$ dans un espace localement convexe séparé quasi-complet F. Pour que u transforme la boule unité de $\mathcal{C}(\mathrm{K})$ en une partie de F relativement compacte pour $\sigma(\mathrm{F}, \mathrm{F}')$, il suffit que, pour tout espace quotient *métrisable* K_1 de K, la restriction de u à $\mathcal{C}(\mathrm{K}_1)$ ait la même propriété. (Utiliser le th. d'Eberlein (*Esp. vect. top.*, chap. IV, § 2, exerc. 15), et remarquer que toute suite (f_n) dans $\mathcal{C}(\mathrm{K})$ est contenue dans un sous-espace $\mathcal{C}(\mathrm{K}_1)$, où K_1 est un espace quotient métrisable de K ; pour cela, on considérera l'application continue $x \to (f_n(x))$ de K dans $\mathbf{R}^{\mathbf{N}}$.).

b) Pour tout espace quotient séparé K_1 de K, la transposée de l'injection canonique de $\mathcal{C}(K_1)$ dans $\mathcal{C}(K)$ est l'application $\mu \to \pi(\mu)$ de $\mathcal{M}(K)$ dans $\mathcal{M}(K_1)$. On désigne par $(\mathcal{M}(K))'$ le dual de l'espace de Banach $\mathcal{M}(K)$ (bidual de $\mathcal{C}(K)$). Pour qu'une partie A de $\mathcal{M}(K)$ soit relativement compacte pour $\sigma(\mathcal{M}(K), (\mathcal{M}(K))')$, il faut et il suffit que, pour tout espace quotient métrisable K_1 de K, l'image canonique de A dans $\mathcal{M}(K_1)$ soit relativement compacte pour $\sigma(\mathcal{M}(K_1), (\mathcal{M}(K_1))')$. (Remarquer que A est fortement borné ; on peut supposer alors que A est convexe, équilibré et fermé pour la topologie vague $\sigma(\mathcal{M}(K), \mathcal{C}(K))$ (appliquer dans $\mathcal{M}(K_1)$ le chap. IV, § 4, exerc. 19) ; A est donc l'image de la boule unité du dual F' d'un espace de Banach F, par la transposée d'une application linéaire continue *u* de $\mathcal{C}(K)$ dans F (considérer le polaire de A dans $\mathcal{C}(K)$) ; appliquer alors *a*).)

¶ 11) Soient F, G deux espaces localement convexes séparés, G étant supposé quasi-complet ; soit *u* une application linéaire continue de F dans G ; sa transposée ${}^t u$ étant fortement continue, la transposée ${}^t({}^t u)$ est une application linéaire fortement et faiblement continue de F'' dans G''. Montrer que les conditions suivantes sont équivalentes :

α) *u* transforme toute partie bornée de F en une partie relativement compacte de G pour $\sigma(G, G')$.

β) ${}^t({}^t u)$ applique F'' dans G.

γ) ${}^t u$ est continue pour les topologies $\sigma(G', G)$ et $\sigma(F', F'')$.

δ) ${}^t u$ transforme toute partie équicontinue de G' en une partie relativement compacte pour $\sigma(F', F'')$.

(Utiliser le fait que toute partie bornée de F est relativement compacte dans F'' pour $\sigma(F'', F')$. Pour voir que δ) entraîne γ), considérer d'abord le cas où G est complet, et utiliser le th. 4 de *Esp. vect. top.*, chap. IV, § 2, nº 5. Pour passer au cas général, plonger G dans son complété et remarquer que tout point de F'' est adhérent, pour la topologie $\sigma(F'', F')$, à une partie bornée de F.)

¶ 12) *a*) Soient K un espace compact, E = E(K) le sous-espace de $\mathbf{R}^K$ formé des combinaisons linéaires de fonctions caractéristiques d'ensembles ouverts ; on identifie E à un sous-espace du bidual de $\mathcal{C}(K)$. Montrer qu'une suite de Cauchy pour $\sigma(\mathcal{M}(K), E)$ est convergente pour $\sigma(\mathcal{M}(K), (\mathcal{M}(K))')$ (utiliser la prop. 12 et l'exerc. 17 du chap. V, § 5). En déduire que toute partie A de $\mathcal{M}(K)$, relativement compacte pour la topologie $\sigma(\mathcal{M}(K), E)$, est relativement compacte pour la topologie $\sigma(\mathcal{M}(K), (\mathcal{M}(K))')$. (Se ramener au cas où K est métrisable en utilisant l'exerc. 10 *b*). Montrer que A est borné en appliquant l'exerc. 15 du chap. V, § 5. Noter que sur A la topologie vague $\sigma(\mathcal{M}(K), \mathcal{C}(K))$ et la topologie $\sigma(\mathcal{M}(K), \overline{E})$ sont identiques, $\overline{E} \supset \mathcal{C}(K)$ étant l'adhérence de E dans le dual fort de $\mathcal{M}(K)$; en utilisant le fait que $\mathcal{C}(K)$ est de type dénombrable, en déduire que de toute suite de points de A on peut extraire une suite de Cauchy pour $\sigma(\mathcal{M}(K), E)$; achever en invoquant le th. d'Eberlein.)

b) Soient T un espace localement compact, **m** une mesure vectorielle sur T à valeurs dans un espace localement convexe séparé et quasi-complet F. On suppose que, pour toute partie compacte K de T, on ait $\int_K d\mathbf{m} \in F$; montrer que, pour toute fonction borélienne bornée f à support compact dans T, on a $\int f d\mathbf{m} \in F$, et que l'image par $f \to \int f d\mathbf{m}$ de l'ensemble des fonctions boréliennes de support contenu dans un partie compacte K de T et de norme $\|f\| \leqslant 1$, est relativement compacte pour $\sigma(F, F')$ (utiliser *a*) et l'exerc. 11, appliqué à $u : f \to \int f d\mathbf{m}$, où f parcourt l'ensemble des combinaisons linéaires de fonctions caractéristiques de parties compactes de T).

c) Soient F un espace localement convexe séparé et quasi-complet, $\mathbf{m}$ une mesure vectorielle sur T à valeurs dans F, scalairement de base μ ; pour tout $\mathbf{z}' \in F'$, soit $\mathbf{z}' \circ \mathbf{m} = g_{\mathbf{z}'} . \mu$. Pour que la condition de *b*) soit remplie, il faut et il suffit que, pour toute partie compacte K de T, toute partie équicontinue H′ de F′ et tout $\varepsilon > 0$, il existe $\delta > 0$ tel que les relations $A \subset K$ et $\mu^*(A) \leqslant \delta$ entraînent $\int_A^* |g_{\mathbf{z}'}| d\mu \leqslant \varepsilon$ pour tout $\mathbf{z}' \in H'$ (utiliser l'exerc. 11 ci-dessus et l'exerc. 17 du chap. V, § 5) ; on dit alors que $\mathbf{m}$ est *absolument continue* par rapport à μ (pour la topologie initiale de F). Toute mesure vectorielle à valeurs dans un espace semi-réflexif, et scalairement de base μ, est absolument continue par rapport à μ (cor. 2 de la prop. 3). Toute mesure vectorielle majorable $\mathbf{m}$ à valeurs dans un espace de Banach F est absolument continue par rapport à $|\mathbf{m}|$ (pour la topologie initiale de F).

¶ 13) Soient G un espace tonnelé séparé, $F = G'$ son dual ; si, lorsqu'on munit F d'une topologie compatible avec la dualité entre F et G, $\mathbf{m}$ est une mesure vectorielle sur T à valeurs dans F, $\mathbf{m}$ est encore une mesure vectorielle lorsque F est muni de la topologie forte du dual de G.

On suppose $\mathbf{m}$ scalairement de base μ ; $\mathbf{m}$ est alors absolument continue par rapport à μ, lorsque F est muni de la topologie $\tau(F, G)$ (exerc. 12 *c*)). Pour que $\mathbf{m}$ soit absolument continue par rapport à μ lorsque F est muni de la topologie *forte*, il faut et il suffit que, pour toute partie compacte K de T et toute suite (A_n) de parties μ-mesurables de K, l'image B par $\mathbf{m}$ de l'adhérence *dans* $\mathcal{L}^1(\mu)$ de l'ensemble des fonctions étagées de valeur absolue $\leqslant 1$, sur le clan engendré par la suite des A_n (chap. IV, § 4, n° 8), contienne une partie dénombrable dense pour la topologie forte de G′. (Pour voir que la condition est suffisante, se ramener au cas où $T = K$ est un espace stonien (chap. IV, § 4, exerc. 10). Raisonner alors par l'absurde : si (A_n) est une suite de parties à la fois ouvertes et fermées de K, en passant à un espace quotient métrisable K_1 de K (exerc. 10 *a*)), on peut supposer que les fonctions continues sur K_1 correspondant aux φ_{A_n} forment un ensemble total dans $\mathcal{C}(K_1)$. D'autre part, en considérant le quotient de G par le sous-espace orthogonal à B, on peut supposer que B est total dans $F = G'$ pour la topologie $\sigma(G', G)$; si H est le sous-espace de $F = G'$ engendré par B, l'hypothèse entraîne alors que toute partie bornée C de G est précompacte et métrisable pour $\sigma(G, H)$. On peut donc de toute suite bornée $(\mathbf{z}_n)$ de points de G extraire une suite de Cauchy pour $\sigma(G, H)$; montrer que si $(\mathbf{z}_n)$ est une suite de Cauchy pour $\sigma(G, H)$, et si on pose $\mathbf{z}_n \circ \mathbf{m} = g_{\mathbf{z}_n} . \mu$, la suite des classes des $g_{\mathbf{z}_n}$ dans $L^1(\mu)$ est une suite de Cauchy pour la topologie $\sigma(L^1, L^\infty)$; en conclure finalement une contradiction en utilisant les exerc. 17 et 18 du chap. V, § 5).

14) *a*) Soient G un espace de Banach, $F = G'$ son dual fort, $\mathbf{g}$ une application de T dans F appartenant à l'espace $\Lambda^p_{G'}$ (§ 1, exerc. 16). Montrer que, si $p > 1$, la mesure $\mathbf{g}.\mu$ est absolument continue par rapport à μ (pour la topologie forte de F).

b) On prend pour G l'espace de Banach $L^1(\mathbf{N})$, d'où $G' = L^\infty(\mathbf{N})$; si $\mathbf{f}$ est la fonction définie dans l'exerc. 7 *a*) du § 1 (considérée comme prenant ses valeurs dans G'), $\mathbf{f}$ est scalairement bien intégrable mais la mesure $\mathbf{f}.\mu$ n'est pas absolument continue par rapport à μ pour la topologie forte de G'.

¶ 15) *a*) Soit $\mathbf{f}$ une application scalairement localement intégrable de T dans un espace localement convexe séparé et quasi-complet F. Alors $\mathbf{m} = \mathbf{f}.\mu$ est une mesure vectorielle à valeurs dans F'^* (pour la topologie $\sigma(F'^*, F')$). Montrer que, si cette mesure est absolument continue (pour la topologie de la convergence uniforme dans les parties équicontinues de F'), et si en outre $\mathbf{f}$ est μ-*mesurable* (pour la topologie initiale de F), $\mathbf{m}$ est une mesure vectorielle à valeurs dans F. (Utiliser la prop. 8 du § 1, nº 2.) Si F est un espace de Banach et si, pour un $p > 1$, $\langle \mathbf{z}', \mathbf{f} \rangle$ appartient à $\mathscr{L}^p(\mu)$ pour tout $\mathbf{z}' \in F'$, la mesure $\mathbf{m}$ est absolument continue (cf. exerc. 14 *a*)).

b) Soient $I = [0, 1]$, f la fonction définie dans $I \times I$ (en utilisant l'hypothèse du continu) telle que, pour tout $t \in I$, $s \to f(s, t)$ soit la fonction caractéristique d'un ensemble dénombrable, et pour tout $s \in I$, $t \to f(s, t)$ soit la fonction caractéristique du complémentaire d'un ensemble dénombrable (chap. V, § 8, exerc. 7 *c*)). On désigne par I_0 l'intervalle I muni de la topologie discrète, par F l'espace de Banach $\mathscr{B}(I) = L^\infty(I)$ des fonctions bornées sur I ; on peut identifier F à l'espace $\mathscr{C}(\tilde{I}_0)$ des fonctions continues sur le compactifié de Stone-Čech de I_0. Pour tout $s \in I$, on désigne par $\mathbf{g}(s)$ l'élément $t \to f(s, t)$ de F ; montrer que $\mathbf{g}$ est scalairement intégrable pour la mesure de Lebesgue μ sur I ; mais $\int \mathbf{g} d\mu$ n'appartient pas à F. De façon précise, $\mathbf{g}.\mu$ est une mesure vectorielle à valeurs dans F'', égale à $\mathbf{c}\mu$, où $\mathbf{c}$ est le vecteur constant identifié à la fonction caractéristique de $\tilde{I}_0 - I_0 = E$ (cf. exerc. 12 *a*)). (Décomposer toute mesure positive sur $\tilde{I}_0$ en somme d'une mesure atomique et d'une mesure diffuse (chap. V, § 10, prop. 15), et remarquer que la mesure diffuse est portée par E.) En déduire qu'il n'existe aucune fonction μ-mesurable $\mathbf{h}$ à valeurs dans F telle que $\mathbf{h} - \mathbf{g}$ soit scalairement μ-négligeable (utiliser *a*)).

16) On considère les applications $\mathbf{u}_m$ de $T = [0, 1]$ dans un espace

de Hilbert de type dénombrable, définies au § 1, exerc. 1, et on pose $\mathbf{f}_k = \mathbf{u}_1 + \ldots + \mathbf{u}_k$; montrer que les mesures vectorielles $\mathbf{f}_k . \mu$ convergent uniformément dans toute partie bornée de $\mathcal{C}(T)$ vers une mesure vectorielle $\mathbf{m}$ à valeurs dans F. En outre, $\mathbf{m}$ se prolonge par continuité à l'espace $\mathcal{L}^2(\mu)$, et pour toute fonction $f \in \mathcal{L}^2$, on a $\int f d\mathbf{m} \in F$ et $\left| \int f d\mathbf{m} \right| \leqslant N_2(f)$ dans F ; en particulier, $\mathbf{m}$ est scalairement de base μ et absolument continue par rapport à μ pour la topologie forte (exerc. 12 *c*)). Toutefois, $\mathbf{m}$ n'est de base ν pour aucune mesure positive ν sur T, et *a fortiori* (n° 5, cor. 4 du th. 1) n'est pas majorable. (Se ramener au cas où ν est de base μ, en utilisant le th. 3 du chap. V, § 5, n° 7.)

17) Soit μ la mesure de Lebesgue sur $T = [0, 1]$; l'application $f \rightarrow f . \mu$ de $\mathcal{C}(T)$ dans $\mathcal{M}(T)$ est continue pour la topologie forte sur $\mathcal{M}(T)$, et est donc une mesure vectorielle $\mathbf{m}$ à valeurs dans cet espace de Banach. Montrer que $\mathbf{m}$ est scalairement de base μ et absolument continue par rapport à μ pour la topologie forte, mais que $\mathbf{m}$ n'est pas de base μ (pour la topologie forte sur $\mathcal{M}(T)$). (Remarquer que $\mathbf{m}$ est de base μ pour la topologie vague $\sigma(\mathcal{M}(T), \mathcal{C}(T))$, et en déduire que, si on avait $\mathbf{m} = \mathbf{g} . \mu$, où $\mathbf{g}$ est scalairement μ-intégrable (pour la topologie forte sur $\mathcal{M}(T)$), on aurait nécessairement $\mathbf{g}(t) = \varepsilon_t$ presque partout. Montrer que cela entraîne contradiction, en remarquant que, pour toute fonction numérique bornée θ sur T, la forme linéaire $\mathbf{z}' : \lambda \rightarrow \sum_{t \in T} \theta(t) \lambda(\{t\})$ sur $\mathcal{M}(T)$ est continue mais que $\langle \mathbf{g}, \mathbf{z}' \rangle$ n'est pas nécessairement μ-mesurable.)

¶ 18) *a*) Soient T un espace localement compact, (K_α) un recouvrement localement fini de T par des ensembles compacts. Soient μ une mesure positive sur T, μ_α la mesure induite par μ sur K_α. On suppose que chacun des espaces $L^\infty(K_\alpha, \mu_\alpha)$ possède la propriété de relèvement. Montrer que $L^\infty(T, \mu)$ possède la propriété de relèvement.

b) Soient K un espace compact métrisable, μ une mesure positive sur K, (ϖ_n) une suite fondamentale (chap. IV, § 5, exerc. 13) de partitions finies de K en ensembles intégrables. Pour toute partie intégrable A de K et tout élément $\tilde{f} \in L^1(\mu)$, on pose $\lambda_A(\tilde{f}) = 0$ si $\mu(A) = 0$, et $\lambda_A(\tilde{f}) = (\mu(A))^{-1} \int_A f d\mu$ dans le cas contraire ; pour tout n, on pose $\rho_n(\tilde{f}) = \sum_k \lambda_{A_k}(\tilde{f}) \varphi_{A_k}$, si $\varpi_n = (A_k)$. Montrer que la suite $(\rho_n(\tilde{f}))$ de fonctions μ-intégrables converge presque partout vers f. (Considérer d'abord le cas où f est une fonction continue. Etant donné un nombre arbitraire $a > 0$, montrer ensuite que la réunion B de tous les ensembles A appartenant à une au moins des partitions ϖ_n et tels que $a . \mu(A) \leqslant \int_A f d\mu$, est mesurable et telle que $\mu(B) \leqslant a^{-1} \int f d\mu$. Approcher ensuite f dans $\mathcal{L}^1$ par une suite de fonctions continues.)

c) Montrer que tout espace compact métrisable possède la propriété de relèvement. (Soit $\mathfrak{U}$ un ultrafiltre sur $\mathbf{N}$ plus fin que le filtre de Fréchet; montrer que $\rho(\tilde{f}) = \lim_{\mathfrak{U}} \rho_n(\tilde{f})$ est un relèvement de L^∞.)

d) Déduire de *a*) et *c*) que tout espace localement compact métrisable possède (pour une mesure positive quelconque) la propriété de relèvement.

19) Soit μ une mesure sur T telle que l'espace de Banach $L^1(\mu)$ soit de type dénombrable. Montrer que toute application linéaire continue de $L^1(\mu)$ dans le dual fort F′ d'un espace de Banach quelconque F s'obtient par passage au quotient à partir d'une application de la forme $g \to \int^\bullet g\mathbf{f}d\mu$, où $\mathbf{f} \in \mathcal{L}^\infty_{F'_s}$. (Se ramener au th. de Dunford-Pettis en utilisant l'exerc. 7 de *Esp. vect. top.*, chap. IV, § 5.)

¶ 20) Soient F un espace de Fréchet de type dénombrable, F′ son dual, μ une mesure positive sur T, $\mathbf{m}$ une mesure sur T à valeurs dans le dual faible F'_s, scalairement de base μ. Pour que $\mathbf{m}$ soit de base μ, il faut et il suffit que la condition suivante soit remplie : pour tout $\varepsilon > 0$ et toute partie compacte K de T, il existe une partie compacte $K_1 \subset K$ telle que $\mu(K - K_1) \leqslant \varepsilon$, et que l'image par $\mathbf{m}$ de l'ensemble des fonctions μ-mesurables g, bornées, de support contenu dans K_1 et vérifiant $\int^\bullet |g| d\mu \leqslant 1$, soit une partie équicontinue de F′. (On se rappellera que $\int^\bullet g d\mathbf{m} \in F'$ pour toute fonction μ-mesurable g bornée et à support compact ; cf. cor. 2 de la prop. 3. Pour montrer que la condition est nécessaire, utiliser la prop. 13 du § 1, n° 5 et la prop. 5 du § 1, n° 2. Pour voir que la condition est suffisante, considérer d'abord le cas où T est compact ; en appliquant le cor. 3 du th. 1, n° 5, montrer d'abord qu'il y a une partition de T en un ensemble négligeable N et en une suite (K_n) d'ensembles compacts, et une application mesurable $\mathbf{g}$ de T dans F'_s, telles que $\int f d\mathbf{m} = \int \mathbf{g} f d\mu$ pour toute fonction $f \in \mathcal{L}^\infty(\mu)$ nulle dans le complémentaire d'une réunion d'un nombre fini d'ensembles K_n ; pour prouver que $\mathbf{m} = \mathbf{g}.\mu$, utiliser les exerc. 18 *b*) et 22 *a*) du chap. V, § 5. Enfin, pour passer au cas où T est un espace localement compact quelconque, utiliser la prop. 4 du chap. V, § 1, n° 4.)

¶ 21) Soient F un espace de Banach, u une forme linéaire continue sur l'espace de Banach $L^p_F(T, \mu)$; on désigne par q l'exposant conjugué de p, par $\mathcal{E}$ l'espace des fonctions étagées numériques sur les ensembles μ-intégrables. On peut écrire, pour $f \in \mathcal{L}^p$, $\mathbf{z} \in F$, $u(f\mathbf{z}) = \langle \mathbf{z}, \mathbf{m}(f) \rangle$, où $\mathbf{m}$ est une application linéaire continue de $\mathcal{L}^p$ dans F′ telle que $|\mathbf{m}(f)| \leqslant \|u\| . N_p(f)$.

a) Soit $(A_i)_{1 \leqslant i \leqslant n}$ une suite finie d'ensembles μ-intégrables non négligeables, deux à deux disjoints. Montrer que l'on a

$$\sum_i (|\mathbf{m}(\varphi_{A_i})|^q / (\mu(A_i))^{q-1}) \leqslant \|u\|^q.$$

(Pour tout système $(\mathbf{a}_i)_{1 \leqslant i \leqslant n}$ de vecteurs de F tels que $|\mathbf{a}_i| = 1$, considérer la forme linéaire $(\xi_i) \to u\left(\sum_i \xi_i \mathbf{a}_i \varphi_{A_i}\right)$ sur $\mathbf{R}^n$, et appliquer le th. 4 du chap. V, § 5, nº 8, à une mesure de support fini.) En déduire que, si $A = \bigcup_i A_i$, on a $\sum_i |\mathbf{m}(\varphi_{A_i})| \leqslant \|u\| (\mu(A))^{1/p}$ (appliquer l'inégalité de Minkowski).

b) Pour toute fonction positive $f \in \mathcal{E}$, on pose $\nu(f) = \sup \left(\sum_i |\mathbf{m}(f\varphi_{A_i})|\right)$ où (A_i) parcourt l'ensemble des suites finies d'ensembles μ-intégrables, deux à deux disjoints. Montrer que ν est la restriction à $\mathcal{E}$ d'une mesure positive de base μ (notée encore ν) sur T, telle que $|\mathbf{m}(f)| \leqslant \nu(f)$ pour toute fonction positive $f \in \mathcal{E}$ (utiliser *a*)).

c) Montrer que, si F est de type dénombrable, il existe une application $\mathbf{g}$ de T dans F′, scalairement μ-mesurable, telle que $u(\tilde{\mathbf{f}}) = \int \langle \mathbf{f}, \mathbf{g} \rangle d\mu$ pour toute fonction $\mathbf{f} \in \mathcal{L}^p_F$, et que $\|u\| = N_q(\mathbf{g})$. (Pour établir la dernière égalité, utiliser la prop. 13 du § 1, nº 5 et l'exerc. 13 du § 1.)

d) Déduire de *c*) que, si F est un espace de Banach *réflexif* de type dénombrable, l'espace L^p_F est réflexif pour $1 < p < +\infty$ (appliquer la prop. 12 du § 1, nº 5).

¶ 22) Soient F un espace localement convexe séparé, $\mathfrak{S}$ l'ensemble des parties de F convexes, équilibrées et compactes pour $\sigma(F, F')$, $\mathfrak{S}'$ l'ensemble des parties de F′ convexes, équicontinues, équilibrées et compactes pour $\sigma(F', F'')$.

a) On suppose que toute partie de $\mathfrak{S}$ est précompacte pour la $\mathfrak{S}'$-topologie. Montrer que toute application linéaire continue *u* de F dans un espace localement convexe séparé quasi-complet G, qui transforme les parties bornées de F en parties relativement compactes pour $\sigma(G, G')$, transforme toute partie appartenant à $\mathfrak{S}$ en une partie relativement compacte de G pour la topologie initiale. (Utiliser l'exerc. 12 de *Esp. vect. top.*, chap. IV, § 1, et l'exerc. 11 ci-dessus.) Réciproque (considérer l'application canonique de F dans son complété pour la $\mathfrak{S}'$-topologie).

b) On suppose que F est un espace métrisable ou une limite inductive stricte d'espaces métrisables. Montrer que la condition de *a*) est remplie si toute suite de Cauchy pour $\sigma(F, F')$ est une suite de Cauchy pour la $\mathfrak{S}'$-topologie (utiliser le th. de Šmulian (*Esp. vect. top.* , chap. IV, § 2, exerc. 13 *c*))).

c) On suppose F infratonnelé (*Esp. vect. top.*, chap. III, § 2, exerc. 12) et on désigne par $\mathfrak{S}''$ l'ensemble des parties de F″ convexes, équicontinues, équilibrées et compactes pour $\sigma(F'', F''')$. Montrer que, si toute partie de $\mathfrak{S}'$ est précompacte pour la $\mathfrak{S}''$-topologie, alors toute partie de $\mathfrak{S}$ est précompacte pour la $\mathfrak{S}'$-topologie. (Utiliser l'exerc. 12 de *Esp. vect. top.*, chap. IV, § 1, et remarquer que la topologie initiale de F est induite par la topologie forte sur F″.)

¶ 23) Soient T un espace localement compact, μ une mesure positive sur T, F l'un des trois espaces de Banach $\overline{\mathcal{K}(T)}$, $L^1(\mu)$, $L^\infty(\mu)$. Soit *u* une application linéaire continue de F dans un espace quasi-complet G, qui transforme la boule unité de F en une partie relativement compacte de G pour $\sigma(G, G')$. Montrer que u transforme toute partie de F relativement compacte pour $\sigma(F, F')$ en une partie de G relativement compacte pour la topologie initiale. (Appliquer l'exerc. 22 *c*) pour ramener le cas $F = L^1(\mu)$ au cas $F = L^\infty(\mu)$; utiliser l'exerc. 13 du chap. II, § 1 pour ramener le cas $F = L^\infty(\mu)$ au cas $F = \mathcal{C}(S)$ où S est un espace compact convenable. Si $F = \overline{\mathcal{K}(T)}$, appliquer l'exerc. 22 *b*), puis utiliser les exerc. 24 *b*) et 17 du chap. V, § 5 ; on notera qu'une suite de Cauchy pour $\sigma(F, F')$ converge simplement dans T, et *a fortiori* converge en mesure pour toute mesure bornée sur T.)

¶ 24) Soient μ une mesure positive sur T, u une application linéaire de $L^1(\mu)$ dans un espace de Banach F, transformant la boule unité de $L^1(\mu)$ en une partie relativement compacte de F pour $\sigma(F, F')$. Montrer qu'il existe une application *μ-mesurable* $\mathbf{f}$ de T dans F, telle que $|\mathbf{f}(t)| \leqslant \|u\|$ pour tout $t \in T$ et que l'on ait

$$u(\tilde{g}) = \int \mathbf{f} g d\mu$$

pour toute fonction $g \in \mathcal{L}^1(\mu)$ (*théorème de Dunford-Pettis-Phillips*). (Se ramener d'abord au cas où T est compact à l'aide de la prop. 4 du chap. V, § 1, n° 4. La boule unité B de $L^\infty(\mu) \subset L^1(\mu)$ est alors relativement compacte pour $\sigma(L^1, L^\infty)$ (chap. V, § 5, exerc. 17) ; en utilisant l'exerc. 23, montrer que le sous-espace vectoriel fermé de F engendré par $u(L^1)$ est de type dénombrable. On peut donc se ramener au cas où F est de type dénombrable et où $\overline{u(L^1)} = F$. L'adhérence A dans F de l'image par u de la boule unité de L^1 est alors compacte pour $\sigma(F, F')$ (chap. IV, § 4, exerc. 19) ; montrer qu'elle est métrisable pour cette topologie (*Esp. vect. top.*, chap. IV, § 2, n° 2, cor. de la prop. 3). Remarquer que A s'identifie alors à la boule unité du dual de l'espace normé G obtenu en munissant F' de la norme égale à la jauge de A^0. Montrer que G est de type dénombrable, et se ramener ainsi à appliquer le th. de Dunford-Pettis (cor. 2 du th. 1)).

¶ 25) Soit μ une mesure positive sur T.

a) Soit $\mathbf{f}$ une application scalairement μ-mesurable de T dans un espace de Banach F, telle que $\mathbf{f}(T)$ soit relativement compacte pour $\sigma(F, F')$. Montrer qu'il existe une application *μ-mesurable* $\mathbf{g}$ de T dans F, telle que $\mathbf{f} - \mathbf{g}$ soit scalairement localement négligeable. (Considérer l'application $\tilde{h} \to \int \mathbf{f} h d\mu$ de $L^1(\mu)$ dans F, et lui appliquer l'exerc. 24, en utilisant aussi l'exerc. 19 du chap. IV, § 4.)

b) Soit $\mathbf{f}$ une application scalairement μ-mesurable de T dans un espace de Fréchet *réflexif* F. Montrer qu'il existe une application *μ-mesurable* $\mathbf{g}$ de T dans F telle que $\mathbf{f} - \mathbf{g}$ soit scalairement localement négligeable (cf. exerc. 15 *b*)). (Se ramener au cas où T est compact, en utilisant la prop. 4 du chap. V, § 1, n° 4. Appliquer ensuite l'exerc. 23 *c*) du § 1 pour se ramener au cas où $\mathbf{f}(T)$ est borné dans F. Plonger ensuite F dans un produit dénombrable d'espaces de Banach, et utiliser *a*)).

c) Soit $\mathbf{f}$ une application de T dans un espace de Fréchet F, μ-mesurable pour la topologie $\sigma(F, F')$. Montrer que $\mathbf{f}$ est μ-mesurable pour la topologie initiale de F. (Se ramener au cas où T est compact et $\mathbf{f}$ continue pour la topologie $\sigma(F, F')$; terminer comme dans *b*).)

¶ 26) Soient S, T deux espaces compacts, f une fonction numérique finie définie dans $S \times T$.

a) Pour que l'application $s \to f(s, .)$ de S dans $\mathbf{R}^T$ soit une application continue de S dans l'espace $\mathcal{C}(T)$ muni de la topologie $\sigma(\mathcal{C}(T), \mathcal{M}(T))$, il faut et il suffit que f soit bornée et que chacune des applications partielles $f(s, .)$, $f(., t)$ ($s \in S$, $t \in T$) soit continue. (Pour voir que la condition est suffisante, montrer d'abord que l'image M de S par $s \to f(s, .)$ est compacte pour $\sigma(\mathcal{C}(T), \mathcal{M}(T))$. Pour cela, remarquer que $s \to f(s, .)$ est continue lorsque $\mathcal{C}(T)$ est muni de la topologie de la convergence simple dans T ; utiliser le th. d'Eberlein (*Esp. vect. top.*, chap. IV, § 2, exerc. 15) pour se ramener à prouver que toute suite $(f(s_n, .))$ a une valeur d'adhérence dans $\mathcal{C}(T)$ pour $\sigma(\mathcal{C}(T), \mathcal{M}(T))$. Se ramener au cas où T est métrisable, en considérant un espace quotient convenable de T (cf. exerc. 10 *a*)), et remarquer que, sur une partie de $\mathcal{C}(T)$ relativement compacte pour la topologie de la convergence simple dans T, cette topologie est identique à la topologie de la convergence simple dans une partie partout dense de T. Obtenir ainsi une suite extraite de $(f(s_n, .))$ qui converge simplement dans T, et appliquer le th. de Lebesgue. Enfin, remarquer que sur M la topologie $\sigma(\mathcal{C}(T), \mathcal{M}(T))$ et la topologie de la convergence simple sont identiques.)

b) On suppose que chacune des applications partielles $f(s, .)$, $f(., t)$ soit continue ($s \in S$, $t \in T$). Montrer que, pour toute mesure positive μ sur S et tout $\varepsilon > 0$, il existe une partie compacte $K \subset S$ telle que $\mu(S - K) \leqslant \varepsilon$ et que la restriction de f à $K \times T$ soit continue. (Se ramener au cas où f est bornée ; appliquer *a*) et l'exerc. 25 *c*).)

c) Les hypothèses étant les mêmes que dans *b*), montrer que f est mesurable pour toute mesure ν sur $S \times T$. (Appliquer *b*) à l'image de ν par la projection de $S \times T$ sur S.)

27) Soit $\mathbf{m}$ une mesure vectorielle sur T à valeurs dans un espace localement convexe séparé F.

a) Montrer que, si le support de $\mathbf{m}$ est fini, $\mathbf{m} = \sum_{i=1}^{n} \mathbf{c}_i \varepsilon_{a_i}$, où les $\mathbf{c}_i \in F$.

b) Si F est un espace de Banach, et si $\mathbf{m}$ est continue pour la topologie de la convergence compacte, montrer que $\mathbf{m}$ a un support compact.

c) Donner un exemple de mesure à valeurs dans $\mathbf{R}^N$, de support non compact, et qui est continue pour la topologie de la convergence compacte.

§ 3

1) On suppose remplies les hypothèses du th. 1 du n° 1. Soit h une fonction localement μ-intégrable, telle que p soit $(h.\mu)$-propre. Montrer que la fonction $b \to g(b) = \int h(t)d\lambda_b(t)$, définie localement presque partout dans B (pour la mesure $\nu = p(\mu)$) est telle que $p(h.\mu) = g.\nu$.

2) Soient B un espace localement compact, $(\nu_\iota)_{\iota \in I}$ la famille de *toutes* les mesures positives sur B. Soit T l'espace produit I × B, I étant muni de la topologie discrète, et soit ν la mesure sur T dont la restriction à $\{\iota\} \times B$ est l'image canonique de la mesure ν_ι sur B, pour tout $\iota \in I$. Soit p la projection de T sur B ; montrer que, s'il existe dans B une partie compacte non dénombrable, ν n'admet pas de mesure pseudo-image par p. (Montrer que tout point de B serait de mesure > 0 pour une telle mesure.)

3) Donner un exemple d'une mesure positive μ sur un espace localement compact polonais T et d'une application continue p de T dans un espace localement compact polonais B, telle que p ne soit pas μ-propre.

4) Soient T l'intervalle $[0, 1]$ de $\mathbf{R}$, μ la mesure de Lebesgue sur T. Soit $R\{x, y\}$ la relation d'équivalence $x - y \in \mathbf{Q}$ dans T. Montrer que R n'est pas μ-mesurable (appliquer le th. 3 du n° 4), mais que le graphe de R dans T × T est négligeable pour la mesure produit $\mu \otimes \mu$.

5) Soit T la réunion de l'ensemble triadique de Cantor $K \subset [0, 1]$ et de l'intervalle $I = [1, 2]$ de $\mathbf{R}$, et soit μ la mesure induite sur l'espace compact T par la mesure de Lebesgue. Soit P une partie non mesurable de I ayant la puissance du continu (chap. IV, § 4, exerc. 8), et soit ψ une bijection de K sur P. On considère dans T la relation d'équivalence R pour laquelle tout point x n'appartenant pas à $K \cup P$ est sa propre classe d'équivalence, et la classe d'un point $y \in K$ est formée de y et de $\psi(y)$. Montrer que R est μ-mesurable, mais que le saturé de K pour R n'est pas μ-mesurable.

6) Soient T un espace localement compact polonais, μ une mesure positive sur T, R une relation d'équivalence μ-mesurable sur T, p une application μ-mesurable de T dans un espace localement compact polonais B tel que $p(x) = p(y)$ soit équivalente à $R\{x, y\}$, ν une mesure pseudo-image de μ par p, $b \to \lambda_b$ une désintégration de μ par R. Pour tout $b \in B$ tel que $\lambda_b \neq 0$, soit $C(b)$ la classe mod. R qui porte λ_b ; montrer que $\varphi_{C(b)}.\mu$ est proportionnelle à λ_b. Donner un exemple où $\varphi_{C(b)}.\mu = 0$ pour tout $b \in B$.

7) Soient T un espace localement compact polonais, μ une mesure positive bornée sur T, R une relation d'équivalence μ-mesurable sur T. Soit Ω le sous-ensemble de l'espace $\mathcal{M}(T)$ des mesures sur T, formé des mesures $\lambda \geqslant 0$, de masse totale $\leqslant 1$ et non nulles ; Ω est localement compact lorsqu'on le munit de la topologie vague (chap. III, § 2, n° 7, cor. 2 de la prop. 9). Montrer qu'il existe sur Ω une mesure positive ρ

et une seule telle que : 1° $\mu = \int_{\Omega} \lambda d\rho(\lambda)$; 2° ρ soit concentrée sur une partie B_0 de Ω dont les éléments sont des mesures de masse totale 1, portées par les classes mod. R, deux éléments distincts de B_0 étant portés par des classes distinctes. (Considérer une désintégration $b \to \lambda_b$ de μ par la relation R, telle que tous les λ_b aient une masse totale 1, et l'image de B par l'application $b \to \lambda_b$ de B dans Ω ; utiliser le th. 4.)

8) Soient T l'intervalle $[0, 2]$ dans $\mathbf{R}$, μ la mesure de Lebesgue sur T. Soit A un ensemble non borélien contenu dans l'ensemble de Cantor $K \subset [0, 1]$ (cf. *Top. gén.*, chap. IV, § 8, exerc. 16 et chap. IX, 2e éd., § 6, exerc. 6). Soit S la relation d'équivalence dans T dont les classes d'équivalence sont les ensembles $\{x\}$ pour $x \notin A \cup (A + 1)$ et les ensembles $\{x, x + 1\}$ pour $x \in A$. Montrer que S est μ-mesurable mais qu'il n'existe aucune section borélienne pour S.

9) Soient K un espace compact métrisable, f une application continue de K dans un espace topologique séparé E, k un entier quelconque > 1. On désigne par B_k la partie de E formée des y tels que $\overset{-1}{f}(y)$ contienne au moins k points distincts ; montrer que $A_k = \overset{-1}{f}(B_k)$ est un ensemble borélien dans K (pour tout entier $n > 0$, soit B_{kn} la partie de E formée des y tels que $\overset{-1}{f}(y)$ contienne au moins k points dont les distances mutuelles soient toutes $\geqslant 1/n$; montrer que B_{kn} est fermé).

¶ 10) Soient K un espace compact métrisable, μ une mesure positive sur K, f une application μ-mesurable de K dans un espace topologique séparé E. On désigne par I (resp. U) la partie de E formée des y tels que $\overset{-1}{f}(y)$ soit infini (resp. non dénombrable).

a) Montrer qu'il existe dans K un ensemble μ-mesurable H tel que $f(H) = I$ et que, pour tout $y \in E$, $\overset{-1}{f}(y) \cap \complement H$ soit fini. (Soit (K_n) une suite croissante de parties compactes de K telle que la restriction de f à chaque K_n soit continue et que le complémentaire N de la réunion F des K_n soit μ-négligeable ; pour tout $k > 1$, soit B_k la partie de E formée des y tels que $F \cap \overset{-1}{f}(y)$ contienne au moins k points distincts, et soit $A_k = F \cap \overset{-1}{f}(B_k)$; prendre pour H la réunion de l'ensemble $A = \bigcap_k A_k$ et de l'ensemble $N \cap \overset{-1}{f}(I)$, et utiliser l'exerc. 9.)

b) Soit $\mathfrak{F}$ l'ensemble des parties μ-mesurables $M \subset H$ telles que pour tout $y \in E$, $M \cap \overset{-1}{f}(y)$ soit fini ; soit α la borne supérieure des mesures $\mu(M)$ pour $M \in \mathfrak{F}$; il existe une suite croissante (M_n) d'ensembles de $\mathfrak{F}$ telle que $\lim_{n \to \infty} \mu(M_n) = \alpha$. Soit $P = \bigcup_n M_n$, et soit S une section mesurable de $H \cap \complement P$ pour la relation d'équivalence $f(x) = f(y)$ (th. 3) ; montrer que $\mu(S) = 0$.

c) Montrer qu'il existe un ensemble μ-négligeable $Z \subset K$ tel que $f(Z) = U$, et que, pour tout $\varepsilon > 0$, il existe un ensemble μ-mesurable $L \subset K$ tel que $\mu(L) \leqslant \varepsilon$ et $f(L) = I$ (remarquer que pour tout n, on a $f(H \cap \complement M_n) = I$ et que $U \subset f(S)$).

¶ 11) Soient K un espace compact métrisable, μ une mesure positive sur K, f une application μ-mesurable de K dans un espace localement compact T, ν une mesure positive sur T ; I et U ont la même signification que dans l'exerc. 10.

a) On suppose que, pour tout ensemble μ-négligeable $N \subset K$, $f(N)$ soit ν-négligeable. Alors U est ν-négligeable et, pour toute partie μ-mesurable $A \subset K$, $f(A)$ est ν-mesurable.

b) Pour que I soit ν-négligeable et que l'image par f de tout ensemble μ-négligeable soit ν-négligeable, il faut et il suffit que f satisfasse à la condition suivante : pour tout $\varepsilon > 0$, il existe $\delta > 0$ tel que, pour toute partie $A \subset K$, μ-mesurable et telle que $\mu(A) \leqslant \delta$, $f(A)$ soit ν-mesurable et que l'on ait $\nu(f(A)) \leqslant \varepsilon$. (Pour voir que la condition est nécessaire, raisonner par l'absurde, en considérant une suite décroissante (A_n) d'ensembles μ-mesurables, dont l'intersection soit μ-négligeable, mais tels que $\nu(f(A_n)) \geqslant \alpha > 0$; prendre alors l'intersection des $f(A_n)$ et de $\complement I$.)

¶ 12) Soient E l'espace compact non métrisable obtenu en munissant l'intervalle $[-1, +1]$ de $\mathbf{R}$ de la topologie $\mathfrak{T}$ définie dans l'exerc. 13 *a*) de *Top. gén.*, chap. IX, 2e éd., § 2 ; soit φ l'application $x \rightarrow |x|$ de E sur $I = [0, 1]$ (muni de la topologie induite par celle de $\mathbf{R}$).

a) Montrer que φ est continue et que, si on désigne par $\mathfrak{F}$ l'ensemble des parties de E de la forme $\overset{-1}{\varphi}(A)$, où A est une partie borélienne de I, les parties boréliennes de E sont les parties B telles qu'il existe $M \in \mathfrak{F}$ pour lequel $B \cap \complement M$ et $M \cap \complement B$ soient dénombrables (remarquer que tout ensemble ouvert de E appartient à $\mathfrak{F}$).

b) Montrer que, pour qu'une fonction numérique f définie dans E soit continue (pour $\mathfrak{T}$), il faut et il suffit qu'elle soit réglée et que, pour tout $x \in E$, on ait $f(x-) = f((-x)+)$. On définit donc une mesure positive μ sur E en posant $\int f d\mu = \int_0^1 f(x)dx$. Montrer que l'image de μ par φ est la mesure de Lebesgue sur I, et que les ensembles μ-négligeables sont les parties négligeables pour la mesure de Lebesgue sur $[-1, +1]$.

c) Déduire de *a*) et *b*) qu'il n'existe pas de section μ-mesurable pour la relation d'équivalence μ-mesurable $\varphi(x) = \varphi(y)$ dans E.

NOTE HISTORIQUE

(N.-B. — Les chiffres romains renvoient à la bibliographie placée à la fin de cette note.)

Avec le développement du « calcul vectoriel » au cours du XIXe siècle, il était courant d'avoir à intégrer des fonctions vectorielles, mais tant qu'il ne s'agissait que de fonctions à valeurs dans des espaces de dimension finie, cette opération ne posait aucun problème. C'est seulement avec la théorie spectrale de Hilbert que l'on rencontre des opérations qui mènent naturellement à une notion plus générale d'intégrale : cette théorie conduit en effet à associer à toute forme hermitienne continue $\Phi(x, y)$ sur un espace hilbertien H, une famille $(E(\lambda))_{\lambda \in \mathbf{R}}$ de projecteurs orthogonaux ayant la propriété que, pour tout couple (x, y) de vecteurs de H, la fonction $\lambda \to (E(\lambda)x \mid y)$ soit à variation bornée et que l'on ait $\Phi(x, y) = \int \lambda d((E(\lambda)x \mid y))$; si l'on associe à Φ l'opérateur hermitien A tel que $\Phi(x, y) = (Ax \mid y)$, il était tentant d'écrire la formule précédente $A = \int \lambda dE(\lambda)$. Mais c'est seulement à partir de 1935 environ, après l'introduction par Bochner de l'intégration (« forte ») d'une fonction à valeurs dans un espace de Banach, qu'on commença à se préoccuper de définir l'intégrale de fonctions vectorielles (ou l'intégrale par rapport à une mesure vectorielle) de façon à pouvoir écrire légitimement des formules telles que la précédente. Cette extension fut réalisée essentiellement par Gelfand (III), Dunford et Pettis (IV) et (V)) ; leurs résultats sont énoncés pour des espaces de Banach, mais s'étendent sans peine à des espaces localement convexes plus généraux.

L'idée de décomposer un volume en « tranches » et de ramener une intégrale étendue à ce volume à une intégrale sur chaque tranche, suivie d'une intégration simple, a toujours été utilisée en Analyse depuis les débuts du Calcul infinitésimal (le « Calcul des indivisibles » de Cavalieri n'étant qu'une première ébauche de ce principe, que l'on pourrait même faire remonter à Archimède (v. Note hist. du Livre IV, chap. I-II-III)). Mais dans les applications classiques, les « tranches » étaient toujours de nature très spéciale et très régulière (le plus souvent des parties ouvertes de surfaces analytiques dépendant analytiquement d'un paramètre) ; il ne pouvait d'ailleurs guère en être autrement en l'absence d'une théorie générale de l'intégration. Le problème général de la désintégration d'une mesure fut posé et résolu par von Neumann en 1932, à propos de la théorie ergodique (I) ; presque en même temps (et indépendamment) Kolmogoroff, en posant les fondements axiomatiques de la Théorie des Probabilités, était amené à définir de façon générale la notion de « probabilité conditionnelle » et à en prouver l'existence, problème essentiellement équivalent à celui de la désintégration d'une mesure (II).

BIBLIOGRAPHIE

(I) J. von NEUMANN, Zur Operatorenmethode in der klassischen Mechanik, *Ann. of Math.*, (2), t. XXXIII (1932), p. 587-642.

(II) A. KOLMOGOROFF, *Grundbegriffe der Wahrscheinlichkeitsrechnung*, Berlin (Springer), 1933.

(III) I. GELFAND, Abstrakte Funktionen und lineare Operatoren, *Mat. Sborn.*, (N. S.), t. IV (1938), p. 235-284.

(IV) N. DUNFORD, Uniformity in linear spaces, *Trans. Amer. Math. Soc.*, t. XLIV (1938), p. 305-356.

(V) N. DUNFORD and B. PETTIS, Linear operations on summable functions, *Trans. Amer. Math. Soc.*, t. XLVII (1940), p. 323-392.

INDEX DES NOTATIONS

Les chiffres de référence indiquent successivement le paragraphe et le numéro (ou, exceptionnellement, l'exercice).

F', F'', F'^{*}, F_{σ} (F espace localement convexe séparé) : Introduction.
$\mathcal{K}(T)$, $\mathcal{K}_{\mathbf{R}}(T)$, $\mathcal{K}_{\mathbf{C}}(T)$, $\mathcal{K}(T, A)$, $\mathcal{K}_{\mathbf{C}}(T, A)$: Introduction.
$\langle \mathbf{f}, \mathbf{z}' \rangle$, $\langle \mathbf{z}', \mathbf{f} \rangle$: 1.
$\int \mathbf{f} d\mu$, $\int \mathbf{f}(t) d\mu(t)$ ($\mathbf{f}$ fonction vectorielle, μ mesure positive) : 1, 1.
$g\mathbf{f}$, $\mathbf{f}g$ ($\mathbf{f}$ fonction vectorielle, g fonction scalaire) : 1, 1.
$\mathcal{C}'(T)$: 1, 6.
$\int f d\mathbf{m}$, $\int f(t) d\mathbf{m}(t)$ (f fonction numérique, $\mathbf{m}$ mesure vectorielle) : 2, 1 et 2, 2.
$g.\mathbf{m}$ (g fonction numérique, $\mathbf{m}$ mesure vectorielle) : 2, 1.
$\mathfrak{L}(\mathbf{m})$: 2, 2.
$q(\mathbf{m})$, $|\mathbf{m}|$ (q semi-norme, $\mathbf{m}$ mesure vectorielle) : 2, 3.
$\mathbf{f}.\mu$ ($\mathbf{f}$ fonction vectorielle, μ mesure positive) : 2, 4.
$\mathfrak{L}^{\infty}_{F'_s}$, $L^{\infty}_{F'_s}$: 2, 5.
$\langle \mathbf{f}, \mathbf{g} \rangle$ ($\mathbf{f}$, $\mathbf{g}$ fonctions vectorielles) : 2, 6.
$I_{\Phi, \mathbf{m}}$, $\int \mathbf{f} d\mathbf{m}$ ($\mathbf{f}$ fonction vectorielle, $\mathbf{m}$ mesure vectorielle) : 2, 7.
$|m|$, $\int \mathbf{f} dm$ (m mesure complexe) : 2, 8.
$\mathfrak{L}^{p}_{F}(T, m)$, $\overline{\mathfrak{L}}^{p}_{F}(T, m)$, $L^{p}_{F}(T, m)$ (m mesure complexe) : 2, 8.
$h.m$ (m mesure complexe) : 2, 8.
$\overline{m}$ (m mesure complexe) : 2, 8.
$\|m\|$ (m mesure complexe) : 2, 9.
$\pi(m)$, m_{Y}, $m \otimes m'$ (m, m' mesures complexes) : 2, 10.
$\mathfrak{B}(F_1, F_2)$, ${}^{r}\Phi$, ${}^{l}\Phi$: App., 1.
E_{σ}, F_{σ}, E'_s, F'_s, $\mathcal{B}(E, F)$: App., 1.
$\Lambda^{p}_{F'}(T, \mu)$, M_p, M'_p : 1, exerc. 16.

INDEX TERMINOLOGIQUE

Les chiffres de référence indiquent successivement le paragraphe et le numéro (ou, exceptionnellement, l'exercice).

Application m-propre (m mesure complexe) : 2, 10.
Base (mesure vectorielle de — μ) : 2, 4.
Base (mesure de — m) : 2, 8.
Bornée (mesure complexe) : 2, 9.
Classe pseudo-image d'une classe de mesures : 3, 2 .
Complexe (mesure) : 2, 8.
Conjuguée (mesure complexe) : 2, 8.
Densité d'une mesure vectorielle par rapport à une mesure positive : 2, 4.
Densité par rapport à une mesure complexe : 2, 8.
Désintégration d'une mesure μ relativement à une application μ-propre : 3, 1.
Désintégration d'une mesure μ relative à une pseudo-image de μ : 3, 3.
Désintégration d'une mesure par une relation d'équivalence mesurable : 3, 5.
Equivalentes (mesures complexes) : 2, 8.
Essentiellement intégrable (fonction) pour une mesure vectorielle : 2, 2.
Fonction essentiellement intégrable pour une mesure vectorielle : 2, 2.
Fonction scalairement bien intégrable : 1, exerc. 19.
Fonction scalairement essentiellement intégrable : 1, 1.
Image d'une mesure complexe : 2, 10.
Imaginaire (partie) d'une mesure complexe : 2, 8.
Induite (mesure complexe) : 2, 10.
Intégrale d'une fonction numérique par rapport à une mesure vectorielle : 2, 2.
Intégrale d'une fonction vectorielle par rapport à une mesure positive : 1, 1.
Intégrale d'une fonction vectorielle par rapport à une mesure vectorielle : 2, 7.
Majorable (mesure, mesure q-) : 2, 3.
Mesurable (relation d'équivalence) : 3, 4.
Mesurable (section) : 3, 4.
Mesure complexe : 2, 8.
Mesure complexe bornée : 2, 9.
Mesure complexe conjuguée : 2, 8.
Mesure complexe de base m : 2, 8.
Mesure complexe induite : 2, 10.
Mesure complexe produit : 2, 10.
Mesure pseudo-image : 3, 2.
Mesure quotient d'une mesure par une relation d'équivalence : 3, 5.
Mesure réelle : 2, 1.
Mesure scalaire : 2, 1.

Mesure vectorielle : 2, 1.
Mesure vectorielle de base μ : 2, 4.
Mesure vectorielle majorable : 2, 3.
Mesure vectorielle q-majorable : 2, 3.
Mesure vectorielle scalairement de base μ : 2, 5.
Mesures complexes équivalentes : 2, 8.
Partie imaginaire, partie réelle d'une mesure complexe : 2, 8.
Propre (application m-) : 2, 10.
Propriété de relèvement : 2, 5.
Propriété (GDF) : 1, 4.
Pseudo-image (classe, mesure) : 3, 2.
Quotient par une relation d'équivalence (mesure) : 3, 5.
Réelle (mesure) : 2, 1
Réelle (partie) d'une mesure complexe : 2, 8.
Relation d'équivalence mesurable : 3, 4.
Relation d'équivalence séparée : 3, 4.
Relèvement (propriété de) : 2, 5.
Scalaire (mesure) : 2, 1.
Scalairement (fonction possédant — une propriété) : 1, 1.
Scalairement bien intégrable : 1, exerc. 19.
Scalairement de base μ (mesure) : 2, 5.
Scalairement essentiellement intégrable (fonction) : 1, 1 et 2, 10.
Section mesurable : 3, 4.
Séparée (relation d'équivalence) : 3, 4.
Support d'une mesure vectorielle : 2, 1.
Valeur absolue d'une mesure complexe : 2, 8
Vectorielle (mesure) : 2, 1.

TABLE DES MATIÈRES

Chapitre VI. — *Intégration vectorielle* 7

§ 1. Intégration des fonctions vectorielles 8

1. Fonctions scalairement essentiellement intégrables 8
2. Propriétés de l'intégrale d'une fonction scalairement essentiellement intégrable 11
3. Intégrales d'opérateurs 14
4. La propriété (GDF) 17
5. Applications mesurables et applications scalairement mesurables 21
6. Applications : I. Extension d'une fonction continue à un espace de mesures 22
7. Applications : II. Extension à un espace de mesures d'une fonction continue à valeurs dans un espace d'opérateurs 25

§ 2. Mesures vectorielles 29

1. Définition d'une mesure vectorielle 29
2. Intégration par rapport à une mesure vectorielle 31
3. Mesures vectorielles majorables 35
4. Mesures vectorielles de base μ 39
5. Le théorème de Dunford-Pettis 42
6. Dual de l'espace L^1_F (F espace de Banach de type dénombrable). 47
7. Intégration d'une fonction vectorielle par rapport à une mesure vectorielle 48
8. Mesures complexes 50
9. Mesures complexes bornées 54
10. Image d'une mesure complexe ; mesure complexe induite ; produit de mesures complexes 55

§ 3. Désintégration des mesures 57

1. Désintégration d'une mesure μ relativement à une application μ-propre 57
2. Mesures pseudo-images 63
3. Désintégration d'une mesure μ relative à une pseudo-image de μ. 64
4. Relations d'équivalence mesurables 66
5. Désintégration d'une mesure par une relation d'équivalence mesurable 70

Appendice : Compléments sur les espaces vectoriels topologiques 73

1. Formes bilinéaires et applications linéaires 73
2. Quelques types d'espaces ayant la propriété (GDF) 75

Exercices du § 1 78

Exercices du § 2 87

Exercices du § 3 97

Note historique 100

Index des notations 103

Index terminologique 104

Définitions du chapitre VI .... Dépliant

CPSIA information can be obtained
at www.ICGtesting.com
Printed in the USA
LVHW04s1119280518
578636LV00003B/6/P

9 783540 353195